Göbel · Friedrich August Kekulé

1 Friedrich **August** Kekulé von Stradonitz (7. 9. 1829–13. 7. 1896)
Die Marmorbüste ist ein Geschenk seines Sohnes Stephan anläßlich Kekulés 60. Geburtstages

Aug. Kekulé

Biographien
hervorragender Naturwissenschaftler,
Techniker und Mediziner Band 72

Friedrich August Kekulé

Dr. sc. nat. Wolfgang Göbel, Dresden

Mit 12 Abbildungen

BSB B. G. Teubner Verlagsgesellschaft · 1984

Herausgegeben von
D. Goetz (Potsdam), I. Jahn (Berlin), E. Wächtler (Freiberg), H. Wußing (Leipzig)
Verantwortlicher Herausgeber: E. Wächtler

ISBN 978-3-322-00625-7 ISBN 978-3-322-96429-8 (eBook)
DOI 10.1007/978-3-322-96429-8

1. Auflage
VLN 294-375/60/84 · LSV 1208
Lektor: Hella Müller

Gesamtherstellung: Elbe-Druckerei Wittenberg IV-28-1-737
Bestell-Nr. 666 192 0

00480

Inhalt

Einleitung

Friedrich August Kekulés Zeit war gekennzeichnet durch die revolutionären Umwälzungen des 19. Jahrhunderts, durch die auch von Kekulé mit seinen Entdeckungen speziell auf dem Gebiet der chemischen Industrie beschleunigte Industrielle Revolution, durch die Überwindung der feudalen Kleinstaaterei und durch den Übergang des Kapitalismus in sein höchstes Stadium, den Imperialismus.

Die Schaffensperiode Kekulés fiel zusammen mit der von Karl Marx und Friedrich Engels, die zu dieser Zeit die objektiven Gesetze der Entwicklung der menschlichen Gesellschaft entdeckten und den dialektischen und historischen Materialismus, die wissenschaftlich begründete Philosophie der Arbeiterklasse, entwickelten.

Zur gleichen Zeit wirkte der Mathematiker Bernhard Riemann und begründete die später nach ihm benannte Riemannsche Geometrie, Rudolf Julius Emanuel Clausius führte den Entropiebegriff ein und formulierte den 2. Hauptsatz der Thermodynamik. Werner v. Siemens und Thomas Alva Edison entwickelten elektrische Maschinen, Apparate und Vorrichtungen, die zum immanenten Bestandteil einer technischen Revolution und der Folgeperiode wurden und auch aus dem heutigen Alltag nicht wegzudenken sind.

Im selben Zeitraum entstand die Abstammungslehre des Engländers Charles Darwin, und der Franzose Louis Pasteur veröffentlichte seine berühmten Untersuchungen auf mikrobiologischem Gebiet und führte die Schutzimpfung gegen Tollwut und Milzbrand ein.

Aber auch die Chemiker waren nicht müßig: Robert Wilhelm Bunsen erfand den Bunsenbrenner und die Wasserstrahlpumpe, bis heute in chemischen Laboratorien verwendete Geräte, und gemeinsam mit Gustav Robert Kirchhoff führte er die Spektralanalyse in die Laboratoriumspraxis ein. Carl Schorlemmer widmete sich der Erforschung der Paraffinkohlenwasserstoffe, und Dimitri Iwanowitsch Mendelejew und Lothar Meyer entdeckten das Periodische System der Elemente. Das Dynamit, der Sprengstoff mit dem Januskopf, wurde durch Alfred Nobel entwickelt, aus dessen Vermögenszinsen die Mittel für die Nobelpreise verfügbar wurden.

Auf dem Gebiet der Literatur erschienen die Werke von Theodor Storm, Theodor Fontane und August Strindberg, in der Musik wird diese Epoche durch die Namen Richard Wagner, Johannes Brahms und Peter Tschaikowski gekennzeichnet. Nicht von ungefähr nannte man Kekulé also den Romantiker unter den Chemikern.

Kekulés Bedeutung für die Perioden der zu Ende gehenden Industriellen Revolution und des Überganges des Kapitalismus in den Monopolkapitalismus, die mit gewaltigen Sprüngen in der wissenschaftlichen und wirtschaftlichen Entwicklung einhergingen, wird dadurch besonders deutlich, daß sich unter seinen Schülern neben den drei Nobelpreisträgern Jacobus Henricus van't Hoff, Adolf von Baeyer und Otto Wallach viele berühmte Chemiker befanden, die der chemischen Industrie in Deutschland in der zweiten Hälfte des 19. und zu Beginn des 20. Jahrhunderts zu hoher Blüte verholfen haben.

Das von Engels auf das 16./17. Jahrhundert gemünzte Wort von der „Zeit, die Riesen brauchte und Riesen zeugte, Riesen an Denkkraft, Leidenschaft und Charakter, an Vielseitigkeit und Gelehrsamkeit“ [1, S. 8], galt auch für ihn selbst und seine großen Zeitgenossen.

Kekulé war einer jener Giganten. Dennoch ist er breiten Kreisen weit weniger bekannt als seine berühmten Zeitgenossen Marx, Engels, Darwin und Pasteur.

Während die zuletzt Genannten zu Erkenntnissen gelangten, die für alle Menschen direkt von größter Bedeutung waren und sind, waren Kekulés Entdeckungen auf das Gebiet der Chemie beschränkt. Ihre Folgen und Wirkungen waren aber indirekt für alle Menschen von außergewöhnlicher Bedeutung. Es sei nur ein Beispiel genannt: Kekulés Bedeutung für die Entwicklung der pharmazeutischen Industrie war enorm. Der Schutz von Leben vor Schädigung oder Tod durch synthetische Arzneimittel ist heute zur Selbstverständlichkeit geworden. Wer aber denkt schon bei Einnahme eines Arzneimittels an die Wissenschaftler, die es schufen?

Kekulé hatte einmal das Glück, in eine Zeit hineingestellt zu werden, in der die Chemie zur Wissenschaft wurde, deren Ergebnisse häufig sofortige Nutzung in der Industrie erfuhren. Damit wurde die rasche Entwicklung der chemischen Gewerbe zur chemischen Großindustrie ermöglicht. Ein anderer glücklicher Umstand in Kekulés beruflicher Laufbahn war, daß er unter Justus von Liebig wissenschaftlich arbeiten lernen konnte.

Justus von Liebig nahm unter den damaligen Chemikern eine Sonderstellung ein, denn er war es, der auch die chemische Forschung auf eine breitere Basis stellte, indem er Lehre und Ausbildung in der Chemie erstmals organisierte, die Chemie zu einer Disziplin mit eigenem Gegenstand und eigener, spezifischer Aufgabenstellung machte und damit den Beruf des Chemikers überhaupt schuf. In Liebigs Gießener Laboratorium ist ein großer Teil der bedeutenden europäischen Chemiker des 19. Jahrhunderts ausgebildet worden, seine Organisation von chemischer Lehre und Forschung auf breiter Basis wurde beispielgebend für alle Länder. [17, S. 70 f.]

Mit diesen Grundlagen ausgerüstet, konnte Kekulé seine Kenntnisse vor allem in Paris und London, den damaligen Zentren theoretisch-chemischen Denkens, vervollständigen. Aus diesen Quellen entstanden seine Entdeckungen, wobei auch der Einfluß der Ideen und Vorstellungen des Engländers Archibald Scott Couper und des Russen Alexander Michailowitsch Butlerow von großer Bedeutung war.

Kekulé entdeckte die Vierwertigkeit des Kohlenstoffs und dessen Fähigkeit, sich mit sich selbst zu Ketten zu verbinden, die Raumerfüllung des Kohlenstoffs durch Aufrichtung seiner vier Wertigkeiten in die Richtung der Ecken eines Tetraeders und die Sechseck- oder Ringformel des Benzols und begründete die Valenztheorie und die Strukturchemie.

Sein berühmtes „Lehrbuch der Organischen Chemie oder der Chemie der Kohlenstoffverbindungen“ war zu seiner Zeit das umfangreichste und revolutionärste Werk dieser Art. Die Klarheit seiner Gliederung und die hervorragende didaktische Meisterschaft, mit der es geschrieben ist, verdienen dabei besonders hervorgehoben zu werden. In ihm wurden die fortschrittlichsten Ansichten auf chemischem Gebiet aufs anschaulichste dargestellt.

Die oben genannten Entdeckungen sind noch heute in mehr oder weniger modifizierter Form in den Gesetzen und Regeln der Chemie enthalten. Schon das allein zeigt die Bedeutung seines Wirkens.

Als Mitbegründer – neben Couper und Butlerow – des theoretisch-strukturellen Denkens ist er einer der Mitbegründer der organischen Chemie. Er lehrte die Chemiker, in drei Dimensionen zu denken und zu „sehen".

Die Chemische Gesellschaft der Deutschen Demokratischen Republik ehrt das Andenken an Kekulé, indem sie seit 1954 die August-Kekulé-Medaille für Verdienste auf dem Gebiet der organischen Chemie verleiht. Erster Medaillen-Träger war der unvergessene „Hervorragende Wissenschaftler des Volkes", der Nestor der Farbenchemie, Prof. Dr. Walter König.

Nach 30 Jahren Kekulé-Pflege durch die Chemische Gesellschaft der DDR ist eine aktuelle Kekulé-Biographie überfällig. Da Kekulé nicht nur auf dem Gebiet der organischen Chemie bleibende Werte hinterlassen hat, ist eine differenzierte Darstellung seines Lebensweges erforderlich, die auch gewissen Legenden, die sich um ihn gewoben haben, entgegentreten soll.

Kindheit, Jugend, Studium (1829–1852)

Friedrich August Kekulé wurde am 7. September 1829 in Darmstadt, der Heimatstadt seines späteren berühmten Lehrers und Freundes Justus von Liebig und seines Zeitgenossen und Fachkollegen Carl Schorlemmer, des Freundes und Mitstreiters von Karl Marx und Friedrich Engels, geboren.

Er entstammt einer hessischen Beamtenfamilie. Sein Vater, Ludwig Karl Emil Kekulé, war Oberkriegsrat und damit auch Mitglied des hessischen Oberkriegs-Kollegiums, der obersten militärischen Verwaltungsbehörde, die vom Landesfürsten selbst geleitet wurde. Aus seiner Ehe mit der Kaufmannstochter Susanna Siebert stammen seine Tochter Johanette und sein Sohn Karl. Letzterer hat seinem Stiefbruder Friedrich August, dem dieses Buch gewidmet ist, durch finanzielle Hilfe eine Förderung angedeihen lassen können, die von grundsätzlicher Bedeutung für dessen solide Bildung werden sollte. Der zweiten Ehe von Ludwig Karl Emil Kekulé mit seiner Haushälterin Margarete Seyb entstammten die Söhne Emil und Friedrich August sowie die Tochter Mimi.

Bereits frühzeitig erwachte in Kekulé die Liebe zur Natur. Sie wurde mit Sicherheit durch den ständigen Umgang mit ihr geweckt: sein Vater züchtete in einem Garten hinter dem Wohnhaus Rosen, in den Kiefern- und Laubwäldern der näheren Umgebung wanderte Kekulé gern, fing und züchtete Schmetterlinge, botanisierte und hatte engen Kontakt zu Onkel und Cousin, die Forstleute waren.

Mit seinen etwas älteren Cousinen Susanna, Karoline und Adelheid unterhielt er sich gern, und schon in dieser Zeit zeigte sich die muntere und witzige Art, in der sich Kekulé zeit seines Lebens gern unterhielt. Auch seine späteren überragenden Fähigkeiten als Hochschullehrer, der mit seiner Rede zu fesseln verstand, begannen sich in diesen Gesprächen zu formen: seine Neigung, auf die liebenswürdigste Art zu belehren und sich mit anderen Ansichten auseinanderzusetzen, wurde bereits hier sichtbar.

Seine anfänglich nicht sehr stabile Gesundheit bewog seine Eltern, ihn in einer Privatschule unterrichten zu lassen, in der er von vorzüglichen Pädagogen zum selbständigen Denken und zur Liebe zur Mathematik und zu den Naturwissenschaften erzogen wurde. Mit 12 Jahren trat er ins Gymnasium ein, wo er, ganz im Gegensatz zu Liebig, keine Schwierigkeiten bei der Aufnahme und Verarbeitung des gebotenen Stoffes hatte. Im Klassenzeugnis des Herbstes 1847 werden ihm im Fach Chemie reges Interesse, lobenswerter Fleiß und Gewandtheit im Experimentieren bescheinigt. Hinzu kommen ein fabelhaftes Gedächtnis und eine leichte Auffassungsgabe, insbesondere auch beim Erlernen von Fremdsprachen. Sein Zeichentalent und die Fähigkeit, räumliche Gebilde leicht erkennen und gliedern zu können, waren weitere Tugenden, deren er sich später in hohem Maße zu bedienen wußte.

Kekulés Schulzeit wurde mit einem „Oratorisch-musikalischen Aktus im Großherzoglichen Gymnasium zu Darmstadt, Dienstag, den 14. September 1847" beendet, auf dem Kekulé eine Rede in italienischer Sprache über „Vergils Unterwelt und Dantes Hölle" hielt. Der ehemals schwächliche Knabe war zu einem kräftigen und stattlichen jungen Mann geworden, der ein ausdauernder Wanderer, geübter Turner und flotter Tänzer war. Er vermochte andere mit schauspielerischen und taschenspielerischen Vorstellungen zu unterhalten, besaß aber, ganz im Gegensatz zu vielen anderen berühmten Chemikern, keinerlei musikalische Begabung.

Kurz vorm Ende seiner Schulzeit starb sein Vater. Das führte zu einer plötzlichen und drastischen Verschlechterung der wirtschaftlichen Lage der Familie. Kekulé sah sich gezwungen, einen Beruf zu erlernen, der nicht, wie die Chemie, zur damaligen Zeit als brotlose Kunst galt. So nahm er im Wintersemester 1847/48 ein Studium der Architektur an der Universität Gießen auf, dessen Beendigung ihm mit gewisser Sicherheit die Stelle eines großherzoglichen Baumeisters oder Hofarchitekten eingebracht hätte. Kekulé begründete seine Wahl wie folgt:

> Auf dem Gymnasium [. . .] hatte ich mich namentlich in Mathematik und [. . .] Zeichnen hervorgetan. Mein Vater, mit berühmten Architekten eng befreundet, bestimmte mich für das Studium der Architektur. [. . .]
> Aber Liebigs Vorlesungen verführten mich zur Chemie, und ich beschloß umzusatteln. [2, S. 10]

Seine Angehörigen aber stimmten der Veränderung seiner Studienrichtung nicht zu und holten ihn im Herbst 1848 nach Darmstadt zurück, wo er im Wintersemester 1848/49 an der Höheren Gewerbeschule, der nachmaligen Technischen Hochschule, mathematische und naturwissenschaftliche Vorlesungen hörte und im chemischen Laboratorium analytisch arbeitete. Auch eignete er sich praktische Fertigkeiten an, indem er in einem Kellerraum mit Lehm modellierte und an manchem Nachmittag in der Werkstatt eines Drehers tätig war.

Diese Zeit an der Höheren Gewerbeschule war seitens seiner Angehörigen als Bedenkzeit gedacht, um seine Berufswahl noch einmal zu prüfen. Schweren Herzens entschließt sich Kekulés Familie dann doch, seinem Wunsch zu entsprechen, und vom Sommersemester 1849 an durfte er in Gießen wieder Chemie studieren.

In seiner Kindheit und Jugend wurde Kekulé von seiner Umgebung über politische Ereignisse offenbar wenig informiert. Er hat sich auch später kaum um politische Fragen, sofern sie nicht wissenschaftliche Probleme tangierten, bekümmert. So scheint auch die revolutionäre Situtation 1848/49 von ihm nicht zur Kenntnis genommen worden zu sein, obwohl unweit von Darmstadt, in Frankfurt am Main, der Aufstand durch hessische Truppen blutig unterdrückt wurde.

Der Stand der chemischen Theorie in der Mitte des 19. Jahrhunderts

Während Kekulés Studienzeit in Gießen lehrten dort neben Justus v. Liebig bedeutende Chemiker, die bemüht waren, die theoretischen Erkenntnisse ihrer Zeit den Studenten möglichst umfassend, aber nicht ohne die eine oder andere kritische Bemerkung, zu vermitteln.

Da Kekulé in späteren Jahren durch seine Forschungsergebnisse dazu beigetragen hat, alte Theorien zu überwinden bzw. weiterzuentwickeln, erscheint es zweckmäßig, zunächst die Entwicklung chemischer Theorien in der ersten Hälfte des 19. Jahrhunderts kurz darzustellen.

Die noch im 18. Jahrhundert herrschende Phlogistontheorie wurde gegen Ende dieses Jahrhunderts durch Antoine Laurent Lavoisier endgültig überwunden. Die bisher empirisch betriebene Chemie wurde von ihm so geordnet, daß sie theoretischen Überlegungen zugänglich wurde. Das 19. Jahrhundert wurde dann auch das

Jahrhundert des Triumphzuges der Theorien in der Chemie: die Chemie wandelte sich zur Wissenschaft.
Nachdem Lavoisier die richtige Erklärung für den Verbrennungsprozeß gefunden hatte, wandte er sich der Untersuchung organischer Substanzen zu.

Seine Chemie war wesentlich die des Sauerstoffs und dessen Verbindungen; folglich untersuchte er immer zunächst, ob ein Körper mit Sauerstoff verbindbar sei oder dieses Element schon enthalte. Den mit dem Sauerstoff verbundenen Teil nannte er „la base" oder „le radical". [7, S. 59 f.]

Die Verwendung des Begriffs Radikal für den „Rest des Moleküls" brachte die Radikallehre hervor. Der Schwede Jöns Jacob Berzelius faßte die damaligen Vorstellungen zusammen, indem er schrieb:

Nachdem wir den Unterschied zwischen den Produkten der organischen und anorganischen Natur und die verschiedene Art und Weise, wie ihre entfernteren Bestandteile untereinander verbunden sind, näher kennengelernt, haben wir gefunden, daß dieser Unterschied eigentlich darin besteht, daß in der anorganischen Natur alle oxydierten Körper *ein einfaches Radikal haben*, während dagegen alle organischen Substanzen aus *Oxyden mit zusammengesetzten* Radikalen bestehen. Bei den Pflanzensubstanzen besteht das Radikal im allgemeinen aus Kohlenstoff und Wasserstoff und bei den Tiersubstanzen aus Kohlenstoff, Wasserstoff und Stickstoff. [7, S. 62]

Etwa ab 1810 war der von John Dalton entwickelte Atombegriff, der für die Atome der verschiedenen Elemente qualitative Unterschiede implizierte, breiten Kreisen bekannt geworden. Seine Lehre gestattete, die Proportionsgesetze zu erklären, und setzte das Gesetz der multiplen Proportionen voraus. Die Anhänger der chemischen Atomlehre leiteten aus ihr die Möglichkeit der Bestimmung der wahren Atomgewichte ab.
Das mag banal klingen. Aber zur angegebenen Zeit wurden die Begriffe Atom, Element, Molekül, Verbindung, Radikal, Affinität recht willkürlich benutzt. Für sie existierte keinerlei verbindliche Definition. Die Daltonsche Lehre wurde durch das Gesetz von Gay-Lussac und die zwei Avogadroschen Hypothesen so ergänzt, daß schon damals ein einheitliches Fundament für das Gebäude der Atom- und Molekulartheorie hätte geschaffen werden können. Aber erst ein halbes Jahrhundert später wurden von Stanislao Cannizzaro, wie noch zu zeigen sein wird, diese Gedanken erneut aufgegriffen und durchgesetzt und damit der Vergangenheit entrissen [vgl. 25].

Daltons Zeitgenosse Berzelius entwickelte eine eigene Theorie:

Die ... aus der atomistischen Anschauung unmittelbar folgende Frage nach Charakter und Ursachen des Zusammenhaltes der Atome in chemischen Verbindungen glaubte ... Berzelius beantworten zu können. Er verallgemeinerte umfangreiches experimentelles Material aus der anorganischen Chemie und aus der soeben von Davy begründeten Elektrochemie [26] und kam zu dem Schluß, die Molekeln aller Verbindungen seien binär strukturiert, nämlich aus einem elektronegativen (Sauerstoff, Chlor) und einem elektropositiven Teil (Metall), zusammengehalten durch elektrostatische Anziehung. [...]

Diese Anschauung ... wurde ... nicht nur für anorganische, sondern auch für organische Verbindungen als gültig angesehen, was die Gleichheit der grundlegenden Gesetze in der anorganischen und organischen Welt bedeutete. [...]

Mit dieser dualistischen Anschauung hat Berzelius Gedanken von Lavoisier weiterentwickelt, der den Sauerstoff zum zentralen Element der Chemie gemacht [...] hatte. [...] Die elektrochemisch-dualistische Lehre faßte [...] die Molekeln chemischer Verbindungen sowohl als qualitativ einheitlich als auch als in sich differenziert auf. Die innere Differenziertheit wurde jedoch sehr einseitig verstanden: Sie sollte nur von einem einzigen Typ sein. Der im Wesen dialektische Gedanke wurde in dieser Lehre dogmatisch verabsolutiert. Das wiederum schloß andere undialektische Züge ein; elektronegative Elemente sollten nicht Bestandteile von Radikalen sein können. Die theoretische Beschränkung auf nur einen Typ der innermolekularen Wechselwirkung war mit der praktischen Einengung auf nur einen Typ chemischer Reaktionen verbunden: Es wurden nur Reaktionen der Vereinigung und Trennung untersucht. [...]

Ähnliche Ansichten lagen der eine zeitlang von Jean-Baptiste Dumas vertretenen Aetherintheorie zugrunde. Dumas untersuchte vor allem die von den Olefinen bekannten Additionsreaktionen und wies auf gewisse Analogien zum Verhalten des Ammoniaks (Bildung von Ammoniumverbindungen) hin. Nach seiner Ansicht bilden sich solche Verbindungen wie Äthanol, Monochloräthan u. a. durch Zusammenlagerung zweier Molekeln („Zusammengesetzter Atome"), nämlich von Äthen (damals Aetherin genannt) und Wasser, Chlorwasserstoff o. ä.

Auch hier steht also die Zusammenfügung von Atomkomplexen zu neuen Verbindungseinheiten bzw. deren Trennung im Vordergrund.

Daß es nach der Aetherintheorie Molekeln bekannter Stoffe sein sollten, dagegen nach der elektrochemischen Radikallehre eben Radikale, macht keinen wesentlichen Unterschied aus, denn die Radikale sollten ja als die „wahren Elemente der organischen Chemie" ebenfalls frei als besondere Stoffe existenzfähig sein. Da das Aetherin als Kohlenwasserstoff die Berzeliussche Bedingung für einen Verbindungspartner des elektronegativen Sauerstoffs, Chlors usw. erfüllte, widersprach die Aetherintheorie auch nicht ausdrücklich der elektrochemischen Lehre, obwohl sie nicht auf ihrem Boden gewachsen war. [18, S. 21 ff.]

Ende der dreißiger Jahre des 19. Jahrhunderts befaßte sich auch Liebig mit Versuchen, gestützt auf die inzwischen entdeckten Substitutionserscheinungen und die Substitutionstheorie, den Radikalbegriff weiterzuentwickeln, während Berzelius die Substitutionstheorie rundweg ablehnte. Angesichts Liebigs Autorität in der chemischen Fachwelt war dies eine Ermunterung für die Vertreter neuer Ideen.
Seit 1850 versuchte auch Hermann Kolbe, die Radikallehre weiterzuentwickeln. Seine Gedanken dazu waren wenig konstruktiv und führten die Radikallehre noch weiter in die Sackgasse, in der sie sich bereits befand. Bemerkenswert und bedauerlich zugleich ist dabei, daß Kolbe noch 1881 in seiner Streitschrift „Zur Entwicklungsgeschichte der theoretischen Chemie" an seinen Vorstellungen von 1850 festhielt und die „theoretische Revolution", in deren Gefolge gerade in diesem Zeitraum völlig neue Gedanken und Vorstellungen entwickelt worden waren, zu ignorieren und zu verspotten suchte.
Um die Chemie weiter voran zu bringen, waren neue Ideen notwendig. Sie waren zunächst auf der Basis der neu entdeckten Substitutionsreaktionen von französischen Chemikern in der älteren und neueren Typentheorie zusammengefaßt worden.
Dumas hatte erkannt, daß Chlor den Wasserstoff in organischen Verbindungen zu substituieren vermag. Daraus leitete er aber lediglich empirische Regeln ab.
Daß die Chloratome an die Stelle der Wasserstoffatome in der Molekel treten, formulierte Auguste Laurent. Er ging aber noch weiter. 1836 bemühte er sich um ein anschauliches Modell der Struktur organischer Verbindungen, indem er einen Stamm- oder primären Kern aus Kohlenstoff und Wasserstoff postulierte. Die Substitution des Wasserstoffs durch Halogen ändert dabei nichts an der Lage der Kohlenstoffatome.
Dumas lehnte zunächst Laurents Auffassungen ab. Doch nachdem er die Trichloressigsäure der Essigsäure chemisch sehr ähnlich gefunden hatte, akzeptierte er die Substitutionstheorie und faßte Substanzen nach ihrer chemischen Ähnlichkeit zu chemischen Typen zusammen:

Chloroform, Bromoform und Jodoform bilden eine Gruppe. Äthen und seine verschiedenen Chlorierungsprodukte bilden eine andere. Essigsäure und Chloressigsäure repräsentieren eine dritte, usw.

Ich ordne also in eine und dieselbe Gruppe, oder, was auf dasselbe hinausläuft, ich betrachte als zum selben chemischen Typ gehörig die Körper, die dieselbe Anzahl von Äquivalenten auf dieselbe Weise verbunden enthalten und denen die gleichen chemischen Grundeigenschaften zukommen. [2, S. 88 f.]

Die sich entwickelnden Vorstellungen über die Zuordnung chemischer Verbindungen zu bestimmten Typen kulminierten schließlich in den Vorstellungen eines weiteren Franzosen: Charles Gerhardt wurde in den vierziger Jahren des 19. Jahrhunderts der führende Theoretiker der „Typiker". Er entwickelte – im Gegensatz zu Berzelius' dualistischer Theorie – ein unitarisches System, in dem alle Körper als einheitliche Moleküle verstanden wurden, in denen die Atome in einer bestimmten Ordnung enthalten sind. Sein System konnte auf die Radikale verzichten. Es war geeignet, dem chemischen Strukturdenken die Tore zu öffnen und es gestattete eine Systematik der organischen Chemie auf Basis der von ihm vorgeschlagenen Grundtypen.

Als Grundtypen („Typus") galten bei Gerhardt der Wasserstoff, der Chlorwasserstoff, das Wasser und das Ammoniak, die er wie folgt formulierte:

$$
\begin{array}{ccccc}
\begin{matrix} H \\ \\ H \end{matrix} &
\left.\begin{matrix} H \\ \\ Cl \end{matrix}\right\} &
\left.\begin{matrix} H \\ \\ H \end{matrix}\right\} O &
\left.\begin{matrix} H \\ H \\ H \end{matrix}\right\} N \\
\mathrm{I} & \mathrm{II} & \mathrm{III} & \mathrm{IV}
\end{array}
$$

Von diesen Typen leitete er durch Austausch von Elementen (Substitution) Haupt- und Nebenreihen ab. In den Hauptreihen war Wasserstoff, in den Nebenreihen Chlor, Sauerstoff oder Stickstoff durch ein anderes Element oder Radikal substituiert. So gehört z. B. das Methylchlorid in die Hauptreihe des Typus II, Methylarsin

$$\left.\begin{matrix} CH_3 \\ H \\ H \end{matrix}\right\} As$$

in eine Nebenreihe des Typus IV.

Damit soll der Exkurs in die chemischen Theorien, die in der Mitte des 19. Jahrhunderts den Platz zu behaupten versuchten, beendet werden. Es wird bald notwendig sein, auf sie zurückzukommen.

Der Kampf zwischen den Anhängern der Berzeliusschen Lehre

und den Typikern dauerte mehr als 20 Jahre und wurde teilweise in heftigster Form geführt. Hier kann nur auf diesen Umstand aufmerksam gemacht werden. Eine weiterführende Zusammenfassung der theoretischen Ansichten dieser Zeit findet man z. B. bei Schorlemmer. [7, S. 61 ff.]

Kekulés Lehrer in Gießen

Unter der Leitung des Assistenten Dr. Theodor Fleitmann, der später bedeutenden Anteil an der Entwicklung der Nickelindustrie in Deutschland haben sollte, beschäftigte sich Kekulé in Gießen zunächst mit analytischen Arbeiten. Fleitmann und Kekulé blieben lebenslang Freunde.

Vorlesungen hörte Kekulé u. a. bei Liebig (Experimentalchemie, theoretische Chemie, Agrikulturchemie), Hermann Kopp (Kristallographie, Mineralogie und Stöchiometrie), Adolf Strecker (organische Chemie). Kekulé eignete sich den Stoff außerordentlich kritisch an. Obwohl kein Kind von Traurigkeit, beteiligte er sich nicht an studentischen Festlichkeiten und Vergnügungen, sondern disputierte mit gleichgesinnten Studenten bis in die Nacht hinein, wobei mit der Zeit theoretische Fragen immer mehr in den Vor-

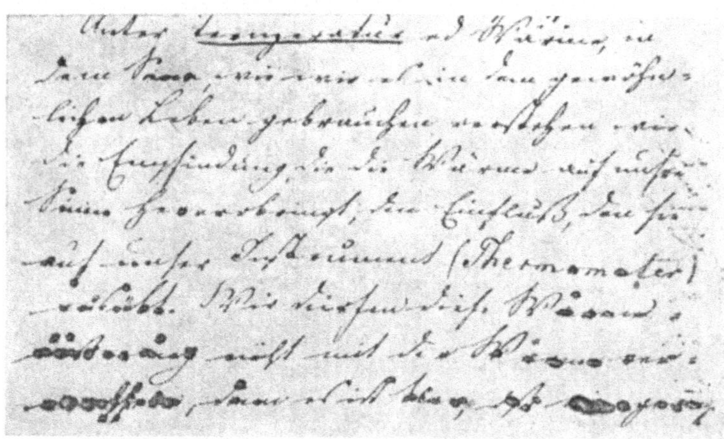

2 Handschrift des Studenten Kekulé
Ausschnitt aus der Nachschrift einer Vorlesung von Liebig

dergrund traten. Dazu dürften auch die Vorlesungen von Heinrich Will, neben Liebig außerordentlicher Professor für organische Chemie, später dessen Nachfolger, beigetragen haben. Ein entfernter Verwandter von Kekulé, der etwa zur gleichen Zeit Chemie in Gießen studierte, Reinhold Hoffmann, äußerte sich hierzu wie folgt:

Schon damals regte sich in unserem Kreise, zum Teil noch unbewußt, die Empfindung, daß die strenge Radikaltheorie nicht das allein seligmachende Dogma der Chemie sei. Den Keim dieser Empfindung glaube ich in Wills Vorlesung über organische Chemie zu erkennen. Im Gegensatz zu Liebig, der von etwas dunklen Gebieten mit Vorliebe zu sagen pflegte: „Meine Herren, wir wissen es ganz gewiß.“, liebte es Will, selbst bei nicht bestrittenen Fragen der Konstitution organischer Verbindungen darauf hinzuweisen, daß man die Sache doch auch von einer anderen Seite ansehen könne und dann oftmals Beziehungen entdecke, welche sonst unbeachtet und unerkannt bleiben würden. [2, S. 17]

Im Sommersemester 1850 fertigte Kekulé unter Wills Leitung seine erste größere Experimentalarbeit „Über die Amyloxydschwefelsäure und einige ihrer Salze“ an, mit der er 1852 auch promovieren sollte.

Der Prozeß in der Mordsache Görlitz

In diese Zeit fiel auch der Prozeß Görlitz-Stauff, der in der Zeit vom 11. 3. bis 11. 4. 1850 in Darmstadt stattfand. Da er für die damalige Zeit in verschiedener Beziehung aufschlußreich und für Kekulé, der als Zeuge geladen war, bedeutsam wurde, sei hier kurz auf ihn eingegangen. Wie die Beweisaufnahme später ergab, wurde am 13. Juni 1847 die Gräfin von Görlitz, die im Nebenhaus der Kekulés wohnte, von ihrem Kammerdiener Johannes Stauff ermordet, der zur Tarnung seiner Tat einen Brand legte.
Der Prozeß erweckte über Hessens Grenzen hinaus lebhaftes Interesse. Einer der Gerichtssachverständigen war Liebig. Mit seinem Gutachten bereitete er dem im Volk verwurzelten Glauben, ein Mensch könne von selbst verbrennen, der auch bei Medizinern Rückhalt fand, ein Ende. Einen Anteil hierzu hatte auch Kekulé, der von einem Fenster seines Vaterhauses die Flammen im Zimmer der Gräfin Görlitz beobachtet hatte. Aus seiner Beschreibung

der Flamme war ohne weiteres ersichtlich, daß es sich um keine außergewöhnliche Verbrennungserscheinung gehandelt hatte. Liebig beteiligte sich an der Vernehmung Kekulés. Gerichtspräsident und Staatsanwalt erkannten die Klarheit und Bestimmtheit der Zeugenaussage Kekulés ausdrücklich an.

In diesem Prozeß spielte auch ein Ring, der die Form zweier sich in den Schwanz beißenden Schlangen besaß, eine Rolle. Der mitangeklagte Vater Heinrich Stauff behauptete, dieser Ring sei seit 1805 im Besitz seiner Mutter gewesen. Graf Görlitz dagegen sagte, seine Frau habe den Ring 1823 von ihrer Mutter geschenkt erhalten.

Die Materialien, aus denen der Ring gefertigt war, erwiesen sich als Platin und Gold. Erst nach 1819 war man in der Lage gewesen, Platin so rein herzustellen, daß man es für Schmuckzwecke verwenden konnte. Damit war Stauff überführt, die Unwahrheit gesagt zu haben.

Im Wintersemester 1850/51 durfte Kekulé im Privatlabor Liebigs eine Untersuchung im Rahmen von dessen Forschungsprogramm zur Agrikulturchemie und physiologischen Chemie durchführen. Er hatte sich mit dem Kleber und der Weizenkleie zu befassen. Auf die Dauer aber befriedigten den mehr theoretisch denkenden Kekulé diese Arbeiten nicht. Die Beziehungen zu Liebig wurden enger, dennoch vermochte er den am äußeren Rande der Chemie angesiedelten Arbeiten nichts abzugewinnen. Kekulés Analysen übernahm Liebig in die dritte Auflage seiner berühmten „Chemischen Briefe“ unter Angabe von dessen Namen. Das sollte für Kekulé noch von Bedeutung werden.

Kekulés Studien in Paris

Kekulé war froh, daß er vom Mai 1851 bis April 1852 seine Studien in Paris fortsetzen konnte. Sein damals als wohlhabender Großkaufmann im Getreidehandel tätiger, in London lebender Stiefbruder Karl ermöglichte ihm diesen Aufenthalt finanziell. Liebig riet ihm:

> Gehen Sie nach Paris, da erweitern Sie ihren Gesichtskreis, da lernen Sie eine neue Sprache, da lernen Sie das Leben einer Großstadt kennen, aber Chemie lernen Sie dort nicht. [2, S. 24]

Mit der letzten Bemerkung sollte Liebig gründlich Unrecht haben.

Kurz vor Antritt seiner Reise erwarb Kekulé ein Buch von Charles Gerhardt, der damals in Paris über Philosophie der Chemie las, und enteckte in ihm eine völlig neue Betrachtungsweise chemischer Sachverhalte.

In Paris hörte Kekulé Chemie bei Jean-Baptiste Dumas, Auguste Cahours, Adolphe Wurtz und Anselme Payen, Physik bei Henri Victor Regnault. Mit Gerhardt wurde er persönlich bekannt, nicht zuletzt, weil diesem Kekulés Name aus Liebigs „Chemischen Briefen" bekannt war! Mindestens zweimal wöchentlich trafen sich die beiden jungen Chemiker, um „Chemie zu reden", wie Kekulé das nannte, und wurden bald Freunde. Diese Dispute dauerten acht und mehr Stunden und wurden ein ganzes Jahr lang fortgesetzt.

Gerhardt entwickelte Kekulé, dem verständnisvollsten Zuhörer, den er wohl haben konnte, die verschiedenen Klassifikationsmöglichkeiten der organischen Verbindungen vom Standpunkt der Gerhardtschen Typentheorie aus. Durch die Entwicklung von den homologen, heterologen und isologen Reihen aus konnte sich Kekulé damit einen Überblick über das gesamte Gebiet der organischen Verbindungen verschaffen. Damit wurde Kekulé gründlich mit der Typentheorie vertraut gemacht, die er nur wenig später zu einer neuen Qualität, der Valenztheorie, weiter entwickeln sollte.

Im April 1852 überschlugen sich die Ereignisse: Gerhardt teilte mit Datum vom 5. April seinem Freunde Gustave Charles Bonaventure Chancel die Entdeckung der Anhydride der Monokarbonsäuren mit. Diese Entdeckung war sowohl für die Radikaltheorie wie auch für die Typentheorie von eminenter Bedeutung.

Am gleichen Tag starb Kekulés Mutter. Seine Abreise aus Paris mußte deshalb beschleunigt werden. Er nahm einen Brief von Gerhardt an Liebig, datiert vom 19. April, mit in die Heimat, der den oben genannten Gegenstand zum Inhalt hatte. Er wurde von Liebig sofort in den von ihm herausgegebenen „Annalen der Chemie und Pharmacie" veröffentlicht. Im Sommersemester 1852 wurde Kekulé in Gießen zum Dr. phil. promoviert. Sein Doktordiplom trägt das Datum des 25. Juni 1852.

Akademische Wanderjahre (1852–1856)

Für Kekulé war nun die Zeit gekommen, eine Arbeit als Chemiker aufzunehmen, um seinen Lebensunterhalt zu verdienen. Er entschied sich, zur Überraschung vieler seiner Freunde und Gönner, nicht für eine Assistenz an einer renommierten Universität, sondern wurde Mitarbeiter des Privatgelehrten Dr. Adolph v. Planta, ebenfalls ein Schüler Liebigs. Kekulé hat in späteren Jahren seinen Zustand zu dieser Zeit mit Heinrich Heines Worten „Mein Kopf war damals ein zwitscherndes Vogelnest von konfiszierlichen Büchern" gekennzeichnet [2, S. 30].

Das Privatlabor v. Plantas befand sich im Schloß Reichenau bei Chur in der Hochschweiz. Es war vom Kloster zum Forschungslabor umgebaut worden. Die Arbeitsbedingungen waren, wie man sich leicht denken kann, nicht optimal. Kekulé selbst schlief in einer unheizbaren ehemaligen Mönchszelle.

Kekulé konnte hier über die Pflanzenalkaloide Nikotin und Koniin arbeiten und fertigte auch Analysen von Kalksteinen, menschlichen Gallensteinen und Mineralwässern an, wobei letztere wohl nicht unwesentlich zur Hebung der Zahl der Gesundheitssuchenden in Schweizer Kurbädern beigetragen haben mögen.

In seiner Abgeschiedenheit hatte Kekulé reichlich Muße, das in Paris erworbene Wissen, insbesondere die Gerhardtschen Vorstellungen, innerlich zu verarbeiten. Das ist wohl der Hauptgrund für ihn gewesen, diesen Arbeitsplatz zu wählen. Bereits hier prägte sich Kekulés späterer Arbeitsstil. Neben Literaturstudien und experimentellen Arbeiten beschäftigte er sich mit chemiehistorischen Aspekten seiner Arbeit, unterbrach alles, um sich durch Wanderungen oder Geselligkeit zu erholen, und begann erneut, mit großer Intensität zu arbeiten, wobei die Nächte mit zur Arbeit benutzt wurden.

Kekulés Aufenthalt in London und die Entstehung der Valenztheorie

Im Jahre 1853 wandte sich John Stenhouse, ehemaliger Schüler Liebigs und nunmehr Professor am Londoner Bartholomäus-Krankenhaus, an seinen ehemaligen Lehrer mit der Bitte, ihm doch zwei geeignete Assistenten zu benennen, deren er für seine wissenschaftlichen Arbeiten bedurfte. Liebig antwortete ihm und nannte auch Kekulés Namen.

Kekulé wäre aber wohl kaum nach anderthalbjähriger Tätigkeit bei v. Planta nach London gelangt, hätte er nicht in der fraglichen Zeit Bunsen in Chur getroffen, der ihm ernsthaft riet, die Stelle bei Stenhouse anzunehmen.

Die Arbeit bei Stenhouse, die vorwiegend in der Untersuchung von Drogen bestand, befriedigte Kekulé nicht. Aber er hatte erneut Gelegenheit, eine Fremdsprache zu erlernen, und, was weit bedeutsamer für ihn werden sollte, ähnlich wie in Paris, in Diskussionen über die chemischen Zustände seiner Zeit seine Vorstellungen über den Bau organischer Verbindungen zu präzisieren. Seine englischen Diskussionspartner waren keine Geringeren als Alexander Williamson, William Odling und Edward Frankland.

Die Chemie verdankt Williamson die Darstellung der einfachen und gemischten Äther, Odling war ein vorzüglicher Kenner der Typentheorie, und Frankland schließlich, der die ersten metallorganischen Verbindungen darstellte, hatte hervorragenden Anteil an der Herausarbeitung der Valenztheorie, deren Formulierung durch Kekulé wir bald begegnen werden.

Zur gleichen Zeit wirkte der Liebigschüler August Wilhelm Hofmann in London, mit dem Kekulé aber erst in späteren Jahren näher bekannt werden sollte.

In dieser Atmosphäre entwickelten sich Kekulés Vorstellungen, die Eigenschaften organischer chemischer Verbindungen aus den Eigenschaften der sie bildenden Elemente abzuleiten. Im Frühjahr 1854 brach ein literarischer Streit zwischen dem berühmten, streitbaren Hermann Kolbe einerseits und Gerhardt und Williamson andererseits aus, der großen Eindruck auf Kekulé gemacht haben dürfte. In seiner öffentlichen Antwort an Kolbe empfiehlt Williamson diesem das Studium der theoretischen Chemie, damit

er endlich aufhöre, die falschen Atomgewichte von Kohlenstoff, Sauerstoff und Schwefel zu gebrauchen!
Williamson hatte 1850 in Analogie zu Wurtz, der 1849 alkylierte Amine als Abkömmlinge des Ammoniaks bezeichnet hatte, und Hofmann, der 1850 tetraalkylierte Ammoniumbasen ebenfalls als Derivate des Ammoniaks erkannt hatte, ähnliche strukturelle Beziehungen wie die zwischen Ammoniak und den Aminen auch zwischen Wasser und den Alkoholen, Äthern und Säuren gefunden.
Anstelle der von Williamson hergestellten Beziehungen zwischen Wasser und Karbonsäuren (und damit auch zu den Aldehyden, Ketonen und Alkoholen) hatte Kolbe als grundlegenden Typ die Kohlensäure bzw. das Kohlendioxyd vorgeschlagen.
Von Williamson und anderen Chemikern wurden bereits zur damaligen Zeit die auch heute noch benutzten Atomgewichte für Kohlenstoff = 12, für Sauerstoff = 16 und für Schwefel = 32 als richtig erkannt, während Kolbe und mit ihm viele andere bedeutende Chemiker noch die Atomgewichte 6, 8 und 16 benutzten, was, wie sich denken läßt, zu erheblichen Mißverständnissen oder Unverständnis bei chemischen Publikationen führte. Williamson hatte deshalb eine andere Kennzeichnung der Symbole der genannten Elemente eingeführt, um dem Wirrwar zu steuern: C̶ ist das Symbol für Kohlenstoff mit dem Atomgewicht 12 O̶ für Sauerstoff mit dem Atomgewicht 16 und S̶ für Schwefel mit dem Atomgewicht 32. Die unterschiedlichen Atomgewichte ergaben sich daraus, daß der Begriff der Wertigkeit um diese Zeit noch nicht abstrahiert war und daß es dadurch Differenzen in der Bestimmung und Interpretation der relativen Atommasse und der Äquivalenz gab. Auch gab es Mißverständnisse bei der Deutung der Avogadroschen Gesetze. Diese Verwirrung löste sich erst mit der endgültigen Einführung des Molekülbegriffs durch Cannizzaro und durch dessen intensives Wirken auf dem Internationalen Chemikerkongreß in Karlsruhe 1860 und noch danach.
In seiner historisch bedeutsamen Arbeit „Notiz über eine neue Reihe schwefelhaltiger organischer Säuren“, die 1854 in Liebigs Annalen erschien, benutzte Kekulé die Schreibweise von Williamson und begab sich damit auf den Weg zu neuen Erkenntnissen. Bei diesen Arbeiten benutzte Kekulé erstmalig die Sulfide des Phosphors, Phosphortrisulfid und Phosphorpentasulfid, als Rea-

genzien, um mit ihrer Hilfe Schwefel in organische Verbindungen einzuführen.

Aber so wertvoll die experimentellen Ergebnisse, die in der genannten Veröffentlichung vorgestellt wurden, auch sein mochten, die theoretischen Schlußfolgerungen waren wesentlich folgenschwerer.

In einer Zeit, in der die Begriffe Atom, Molekül und Äquivalent noch von jedem Chemiker nach dessen Gutdünken verwandt werden konnten, da eine klare Definition für sie nicht existierte, schrieb Kekulé in seiner oben genannten Arbeit:

Es ist eben nicht nur Unterschied in der Schreibweise, vielmehr wirkliche Tatsache, daß 1 Atom Wasser 2 Atome Wasserstoff und nur ein Atom Sauerstoff enthält; und daß die Einem unteilbaren Atom Sauerstoff äquivalente Menge Chlor durch 2 teilbar ist, während Schwefel, wie Sauerstoff selbst, zweibasisch ist, so daß 1 Atom äquivalent ist 2 Atomen Chlor.

Auf diese Abhandlung wird sich Kekulé später beziehen, um seine Prioritätsansprüche auf die Herausbildung der Valenztheorie geltend zu machen.

Zur gleichen Zeit aber begannen sich auch jene Anschauungen bei Kekulé zu entwickeln, aus denen später die Strukturchemie entstehen sollte. Beide, Valenztheorie und Strukturchemie, bedingen einander, bilden eine dialektische Einheit. Kekulés Anschauungen entwickelten sich, ihm selbst sicher unbewußt, auf dem Boden einer materialistischen Dialektik. Die Notwendigkeit einer solchen Denkweise hat auch Engels in seinem „Anti-Dühring" [24] begründet.

Bereits während seines Londoner Aufenthaltes hatte Kekulé ein Erlebnis, über daß er 1890 anläßlich des sogenannten Benzolfestes wie folgt berichtete:

An einem schönen Sommertage fuhr ich wieder einmal mit dem letzten Omnibus durch die zu dieser Zeit öden Straßen der sonst so belebten Weltstadt; „outside", auf dem Dache des Omnibus, wie immer. Ich versank in Träumereien. Da gaukelten vor meinem Auge die Atome. Ich hatte sie immer in Bewegung gesehen, jene kleinen Wesen, aber es war mir nie gelungen, die Art ihrer Bewegung zu erlauschen. Heute sah ich, wie vielfach zwei kleinere sich zu Pärchen zusammenfügten, wie größere zwei kleinere umfaßten, noch größere drei und selbst vier der kleinen festhielten und wie sich alles in wirbelndem Reigen drehte. Ich sah, wie größere eine Reihe bildeten und nur an den Enden der Kette noch kleinere mitschleppten. Ich sah, was Altmeister Kopp, mein hochverehrter Lehrer und Freund in seiner

„Molekularwelt" uns in so reizender Weise schildert; aber ich sah es lange vor ihm. Der Ruf des Kondukteurs: „Clapham road" erweckte mich aus meinen Träumereien, aber ich verbrachte einen Teil der Nacht, um wenigstens Skizzen jener Traumgebilde zu Papier zu bringen. So entstand die Strukturtheorie. [2, S. 50]

Erst nach gründlicher Prüfung des Traumerlebnisses hat Kekulé im Jahre 1858 seine Vorstellungen zur Struktur der Kohlenstoffverbindungen veröffentlicht. Davon wird noch zu sprechen sein.

Enttäuschungen, Habilitation, Privatdozent in Heidelberg

Im Jahre 1854 wurde das Polytechnikum in Zürich, die nachmalige Eidgenössische Technische Hochschule, mit drei Lehrstühlen der Chemie gegründet. Bewerber dafür gab es eine ganze Reihe. Bunsen stellte Kekulé in liebenswürdiger Weise seine Hilfe bei einer Bewerbung in Aussicht. Ein Brief von Bunsen an Kekulé in dieser Angelegenheit zeigt, daß Bunsen schon damals sehr viel von Kekulé hielt:

Geehrtester Herr und Freund.
Wenn Sie mir auch in freundschaftlichen Dingen ein gar kurzes Gedächtnis zutrauen, so sollten Sie dies wenigstens nicht auch in wissenschaftlichen Dingen tun. Ihre schönen Arbeiten würden mir allein schon das lebhafteste Interesse für ihre Wünsche zur Pflicht machen, selbst wenn unser Zusammentreffen hier und in Chur mir nicht eine persönliche Veranlassung gäbe. Ich habe umgehend im Interesse Ihres Wunsches an den Präsidenten des Studienrates, von dem die Hauptsache bei der Besetzung der Züricher Stellen abhängt, geschrieben und konnte dies um so besser tun, da man mich eben rücksichtlich der Besetzung der Stellen um Rat gefragt hatte.

Freundschaftlichst
Heidelberg 4. Nov. 1854 Ihr R. W. Bunsen.
[2, S. 55.]

Auch Gerhardt, Williamson und A. W. Hofmann stellten Kekulé vorzügliche Zeugnisse aus, wobei besonders seine Befähigung zur Verallgemeinerung chemischer Sachverhalte hervorgehoben wurde. Doch die Züricher beriefen Kekulé nicht. Noch einmal siegten die Anhänger der alten Schule ...

Im Herbst 1855 kehrte Kekulé in seine Vaterstadt zurück. Sein Freundeskreis nahm den nunmehr welterfahrenen, selbstsicheren Wissenschaftler freudig auf. Kekulé aber bereitete sich zielstrebig auf seine Habilitation vor. Seine Wahl fiel – fast gesetzmäßig – auf die Heidelberger Universität. Bunsen legte dem Wunsche Kekulés keinerlei Schwierigkeiten in den Weg. Am 12. Januar 1856 reichte Kekulé dem großherzoglich-badischen Ministerium sein Gesuch ein, ihm die Erlaubnis zur Niederlassung als Dozent der Chemie in Heidelberg zu erteilen. Ein solches Gesuch war notwendig, um nach bestandenem Habilitations-Kolloquium die venia legendi, also die Erlaubnis, Vorlesungen halten zu dürfen, erteilt zu bekommen.

Er erhielt die Erlaubnis und wendete sich am 30. Januar 1856 an die zuständige Fakultät mit dem Gesuch zur Habilitation für Chemie als Hauptfach, Physik und Geognosie als Nebenfächer. Die beigefügten Veröffentlichungen wurden von Bunsen positiv beurteilt. Im Kolloquium am 8. Februar 1856 wurde ihm hinreichende Befähigung bescheinigt. Am 29. Februar 1856 gestattete das Ministerium die Habilitation, am 11. März 1856 hielt er seine Probevorlesung, vier Tage später erfolgte die Disputation, bei der Hans Landolt und Leopold von Pebal als Opponenten auftraten.

Im Sommersemester 1856 nahm Kekulé seine akademische Lehrtätigkeit als Privatdozent für organische Chemie auf. Das aber bedeutete für ihn, Räume für Lehre und Forschung zu schaffen, denn die Universität konnte ihm nichts zur Verfügung stellen. Schließlich mietete er bei einem Mehlhändler den ersten und zweiten Stock von dessen Haus. Im ersten Stock bezog Kekulé seine Wohnräume, im zweiten richtete er einen Vorlesungsräum und ein kleines Privatlaboratorium ein. Tische und Stühle für den Vorlesungsraum lieh er sich von der Universität. Seine ersten Praktikanten waren Reinhold Hoffmann, mit dem er bereits in Gießen und London engen Kontakt gehabt hatte, und Adolf Baeyer.

Seine fünfstündige Vorlesung über organische Chemie, die er erstmalig im Sommersemester 1856 hielt, erhielt ständigen Zuwachs an Hörern.

Kekulés Stiefbruder Karl war es auch hier wiederum zu verdanken, daß Mieten und Einrichtung pünktlich bezahlt werden konnten.

Die Vierwertigkeit des Kohlenstoffs (1856–1860)

Kekulé entwickelt die Typenlehre weiter und beginnt sein Lehrbuch der organischen Chemie

Bereits bei Beginn seiner Lehrtätigkeit in Heidelberg sammelten sich wissenschaftlich interessierte Chemiker, auch solche, die älter als er selbst waren, um ihn. Seine Vorlesungen wirkten wie ein Magnet. Sie waren der Ausgangspunkt stundenlanger wissenschaftlicher Dispute, die oft noch abends im Biergarten ihre Fortsetzung fanden. Die Absicht Kekulés, ein Lehrbuch der organischen Chemie zu schreiben, gab Anlaß, über Anordnung und Begrenzung des Stoffs zu streiten. Aber Kekulé zeigte auch neue, von ihm selbst entworfene Zeichnungen von Apparaten, die er ins Lehrbuch aufnehmen wollte. Lothar Meyer berichtet aus dieser Zeit:

> ... gewann die Typenlehre täglich mehr Anhänger; freilich wurden die meisten derselben nur von dem unbestimmten Gefühl geleitet, daß in den Schablonen dieser Lehre ein tiefer Sinn stecke, den völlig zu enträtseln noch keinem gelingen wollte. Kekulé [...] wirkte unter uns eifrig als Apostel der Typenlehre. Noch sehr lebhaft erinnere ich mich der damals Stunden und Tage lang geführten Debatten, in denen er Schritt für Schritt Boden gewann. Die Autorität der überlieferten dualistischen Lehre und die entschiedene Abneigung unseres verehrten Meisters [Bunsen], sich mit dem neuen Formelkram abzugeben, ließen uns nur nach lebhaftem Widerspruch ins neue Feldlager hinüberrücken. [2, S. 67]

Baeyer sah Kekulé so:

> Als ich in Heidelberg war, begann gerade Kekulé, fußend auf französischen und englischen Ideen, sein Werk als Reformator der Chemie. [...] Die jüngeren Chemiker können sich aus der Literatur keine genügende Vorstellung von dem Einfluß machen, den der junge Kekulé auf seine Zeitgenossen ausgeübt hat. Sein Lehrbuch, in dem er häufig seinen eigenen Ansichten wieder untreu geworden, gibt davon nur unvollkommene Kunde. Ganz anders waren seine Vorlesungen. Hingerissen von dem logischen Zusammenhang der neuen Lehre, welche später Strukturchemie getauft worden ist, ließ er vor seinen begeisterten Zuhörern das Gebäude der theoretischen Chemie erstehen, in dem wir noch heute wohnen.
>
> Und wenn auch der fundamentale Gedanke, die Typen durch die Wertigkeit der Atome zu deuten, von Williamson ausgegangen, und wenn auch Couper gleichzeitig die Vierwertigkeit des Kohlenstoffs ausgesprochen, so

bleibt ihm doch der Ruhm, ein einheitliches System der organischen Chemie begründet und mit der Begeisterung eines Propheten der Welt verkündet zu haben. Kekulé war eine so glänzende Persönlichkeit, daß er alle seine Schüler unwiderstehlich hinriß. Kekulé beherrschte seine ganze Gefolgschaft durch seine lebhafte Persönlichkeit und seinen funkelnden Geist. [2, S. 67 f.]

Die Konstituierung des naturwissenschaftlich-medizinischen Vereins in Heidelberg am 24. 10. 1856 ging folgerichtig mittels aktiver Teilnahme Kekulés vonstatten. Er wurde zum 2. Schriftführer und damit zum Vorstandsmitglied gewählt. Die in seinem Privatlabor erzielten wissenschaftlichen Ergebnisse wurden in den Folgejahren in den Verhandlungen dieses Vereins zuerst mitgeteilt, um kurz danach in Liebigs Annalen veröffentlicht zu werden.

Neben organischer Chemie, die Kekulé in seiner Heidelberger Zeit stets las, versuchte er sich im Sommersemester 1857 auf dem Gebiet der Zoochemie und im Sommersemester 1858 auf dem Gebiet der theoretischen organischen Chemie. Daneben hielt er auch eine Vorlesung zur Einleitung in das Studium der anorganischen und organischen Chemie.

Die Typenlehre gebiert die Valenztheorie; Begründung der Strukturchemie

Spätestens seit 1858 benutzte Kekulé in seinen Vorlesungen graphische Formeln, die die Bindungsweise der Atome in den Molekülen widerspiegelten.

Seine Veröffentlichungen „Über die Konstitution des Knallquecksilbers“ [4] sind die Vorboten einer neuen Ära der organischen Chemie, die Kekulé mit seinen Arbeiten „Über die sog. gepaarten Verbindungen und die Theorie der mehratomigen Radikale“ [5] und „Über die Konstitution und die Metamorphosen der chemischen Verbindungen und über die chemische Natur des Kohlenstoff“ [6] einleitete.

Äußerer Anlaß zur Publikation seiner Abhandlung „Über die s. g. gepaarten Verbindungen und die Theorie der mehratomigen Radikale“ waren Veröffentlichungen verschiedener Chemiker, in denen Ansichten ausgesprochen wurden, die Kekulé veranlaßten,

einige Bruchstücke aus einer Betrachtungsweise der chemischen Verbindungen mitzuteilen, deren ich mich seit längerer Zeit bediene und die, wie mir scheint, von manchen Beziehungen der chemischen Verbindungen eine klarere Vorstellung gibt, als die seither gebräuchlichen es tun. [5]

Den ersten Abschnitt dieser Arbeit überschreibt er mit „Idee der Typen" und bringt gleich eine Fußnote an:

In den folgenden Entwicklungen bediene ich mich der Gerhardtschen Atomgewichte und der von Williamson für dieselben vorgeschlagenen Zeichen H = 1; Ɵ = 16; Ꞓ = 12; N = 14 usw. [5]

Die Unterscheidung der Begriffe Molekül, Atom, Äquivalent und Radikal ist in dieser Arbeit eindeutig, und die Herausbildung der Valenztheorie wird damit verbunden:

Die Zahl der mit einem Atom (eines Elementes, oder wenn man bei zusammengesetzten Körpern die Betrachtung nicht bis auf die Elemente selbst zurückführen will, eines Radikales) verbundenen Atome anderer Elemente (oder Radikale) ist abhängig von der Basiszeit oder Verwandtschaftsgröße [später Wertigkeit oder Valenz genannt] der Bestandteile. [5]

Die Bestandteile zerfallen in dieser Beziehung in drei Hauptgruppen:
1) Einbasische oder einatomige (I), z. B. H, Cl, Br, K;
2) zweibasische oder zweiatomige (II), z. B. Ɵ, Ꞩ;
3) dreibasische oder dreiatomige (III), z. B. N, P, As."

Hier fügt Kekulé wieder in einer Fußnote die Bemerkung an:

Der Kohlenstoff ist, wie sich leicht zeigen läßt und worauf ich später ausführlicher eingehen werde, vierbasisch oder vieratomig; d. h. 1 Atom Kohlenstoff Ꞓ = 12 ist äquivalent 4 At. H.
Die einfachste Verbindung des Ꞓ mit einem Element der ersten Gruppe, mit H oder Cl z. B., ist daher ꞒH$_4$ und ꞒCl$_4$. [5]

Im weiteren führte Kekulé die Typenlehre zu ihrer höchsten Vollendung und überwand sie, indem er die später sogenannte Valenztheorie entwickelte. Sie stellte gegenüber der Typenlehre eine völlig neue Qualität dar. Mit ihr wurde eine Theorie in die allgemeine Chemie eingeführt, die sich als äußerst fruchtbar erweisen sollte.

Er wies nach, daß die sogenannten gepaarten Verbindungen, die viele Chemiker dieser Zeit unterschiedlichste Ansichten formulieren ließen, nicht anders zusammengesetzt sind,

wie die übrigen chemischen Verbindungen; sie können in derselben Weise auf Typen bezogen werden, in welchen H vertreten ist durch Radikale; sie folgen in bezug auf Bildung und Sättigungsvermögen denselben Gesetzen, die für alle chemischen Verbindungen gültig sind. [5]

Kekulé erläuterte das an 30 Beispielen!

Kekulé fügte den bisherigen Typen den Haupttypus Sumpfgas oder Methan CH_4 hinzu, so daß nunmehr diese vier Haupttypen vorlagen:

HH $\quad OH_2 \quad NH_3 \quad CH_4$.

Aus diesen *Haupttypen* entstehen die *Nebentypen* durch einfache Vertretung eines Atomes durch ein ihm äquivalentes anderes Atom, z. B. HCl SH_2 PH_3. [5]

Den Begriff Radikal entkleidete Kekulé jeglicher Mystik:

Nach unserer Ansicht sind Radikale nichts weiter als die bei einer bestimmten Zersetzung gerade unangegriffen bleibenden Reste. In ein und derselben Substanz kann also, je nachdem ein größerer oder geringerer Teil der Atomgruppe angegriffen wird, ein kleineres oder größeres Radikal angenommen werden. [5]

Diese Definition des Radikalbegriffes wurde schon 1855 von Odling ausgesprochen und wird auch heute noch in dieser Weise benutzt. Kekulés Verdienst war es, sie in einem größeren Zusammenhang in seine Vorstellungen vom Bau chemischer Verbindungen eingeordnet zu haben.
Während in Deutschland die Typenlehre noch nicht in die Köpfe der Chemiker gedrungen war und Kekulé als ihr einsamer Verfechter wirkte, hatte sie sich in Frankreich und England zu voller Blüte entwickelt. Kekulé trägt diesem Umstand in seiner Arbeit „Über die Konstitution und die Metamorphosen der chemischen Verbindungen und über die chemische Natur des Kohlenstoffs" [6] mit folgenden Worten Rechnung:

Der Umstand, daß diese tiefgehende Verschiedenheit der Ansichten, wie es scheint, ziemlich allgemein übersehen wird, wird es entschuldigen, wenn ich sie in den folgenden Betrachtungen besonders hervorzuheben suche. Dabei muß ich wiederholt hervorheben, daß ich einen großen Teil dieser Ansichten in keiner Weise für von mir herrührend halte, vielmehr der Ansicht bin, daß außer den früher genannten Chemikern (Williamson, Odling, Gerhardt), von welchen ausführlichere Betrachtungen über diese Gegenstände vorliegen, auch andere die Grundideen dieser Ansichten wenigstens teilen; vor allem Wurtz, der es zwar nie für nötig hielt, seine Ansichten ausführlicher zu entwickeln, uns anderen aber gestattet, sie in jeder seiner klassischen Arbeiten, durch welche die Entwicklung dieser Ansichten erst möglich wurde, zwischen den Zeilen zu lesen. . . .
Ich halte es für nötig und, bei dem jetzigen Stand der chemischen Kenntnisse, für viele Fälle für möglich, bei der Erklärung der Eigenschaften der chemischen Verbindungen zurückzugehen bis auf die Elemente selbst, die

die Verbindungen zusammensetzen. Ich halte es nicht mehr für die Hauptaufgabe der Zeit, Atomgruppen nachzuweisen, die gewisser Eigenschaften wegen als Radikale betrachtet werden können, und so die Verbindungen einigen Typen zuzuzählen, die dabei kaum eine andere Bedeutung als die einer Musterformel haben. Ich glaube vielmehr, daß man die Betrachtung auch auf die Konstitution der Radikale selbst ausdehnen, die Beziehungen der Radikale untereinander ermitteln, und aus der Natur der Elemente ebensowohl die Natur der Radikale wie die ihrer Verbindungen herleiten soll. Die früher von mir zusammengestellten Betrachtungen über die Natur der Elemente, über die Basizität der Atome, bilden dazu den Ausgangspunkt. [6]

Diese Betrachtungen sind ein Meisterwerk Kekuléscher Dialektik. Er zeigt hier, wie weit seine Gedanken denen seiner Zeitgenossen vorauseilen. Was heute allgemein anerkannte Betrachtungsweise ist, mußte sich in der Mitte des 19. Jahrhunderts im Kampf der Gegensätze durchsetzen.

Bei den chemischen Metamorphosen – wir sagen heute Umsetzungen oder Reaktionen – unterscheidet Kekulé die direkte Addition, die Vereinigung mehrerer Moleküle durch Umlagerung eines mehratomigen Radikals und die wechselseitige Zersetzung oder den doppelten Austausch. Unter direkter Addition versteht er dabei die Vereinigung zweier Moleküle zu einem.

Zu den an zweiter Stelle genannten Vereinigungen rechnet Kekulé z. B. die Bildung von Schwefelsäure aus SO_3 und H_2O, von Hydraten zweibasischer Säuren aus ihren Anhydriden mit Wasser, von Amiden aus Imiden und Ammoniak. Er verweist auch darauf, daß die umgekehrten Vorgänge ebenfalls stattfinden können: die Bildung der Anhydride zweibasischer Säuren und der Zerfall von Succinamid zu Ammoniak und Succinimid. Zur dritten Kategorie bemerkt Kekulé:

Es ist zunächst einleuchtend, daß stets äquivalente Mengen ausgetauscht werden; also ein einatomiges Radikal gegen ein anderes einatomiges; ein zweiatomiges gegen ein anderes zweiatomiges oder aber gegen zwei einatomige usw. Findet dabei Austausch von gleichatomigen Radikalen gegeneinander statt, so bleibt die Anzahl der Moleküle ungeändert; wird dagegen ein zweiatomiges Radikal durch zwei einatomige ersetzt, so spaltet sich das vorher unteilbare Molekül, weil die Ursache des Zusammenhanges wegfällt, in zwei kleinere Moleküle; umgekehrt werden bisweilen, wenn an die Stelle von zwei einatomigen Radikalen ein zweiatomiges tritt, zwei vorher getrennte Moleküle zu einem unteilbaren Ganzen (zu einem Molekül) vereinigt. [6]

Diese Betrachtung hatte Kekulé bereits in seiner Abhandlung über die Thiacetsäure [3] im Jahre 1854 mitgeteilt. Hier wird sie präzisiert und vertieft. Kekulé geht aber in bezug auf die Vorgänge, die sich während einer chemischen Reaktion abspielen, nunmehr weiter. Er formuliert:

Die einfachste und auf alle chemischen Metamorphosen anwendbare Vorstellung ist folgende: Wenn zwei Moleküle aufeinander einwirken, so ziehen sie sich zunächst, vermöge der chemischen Affinität an und lagern sich aneinander; das Verhältnis zwischen den Affinitäten der einzelnen Atome veranlaßt dann, daß Atome in stärksten Zusammenhang kommen, die vorher den verschiedenen Molekülen angehört hatten. Deshalb zerfällt die Gruppe, welche nach einer Richtung geteilt sich aneinander gelagert hatte, jetzt, indem die Teilung nach anderer Richtung stattfindet:

vor		während		nach	
a	b	a	b	a	b
a	b,	a,	b,	a,	b,

Vergleicht man dann das Produkt mit dem Material, so kann die Zersetzung als wechselseitiger Austausch aufgefaßt werden. [. . .]
Man kann sich denken, daß dabei während der Annäherung der Moleküle schon der Zusammenhang der Atome in denselben gelockert wird, weil ein Teil der Verwandtschaftskraft durch die Atome des anderen Moleküls gebunden wird, bis endlich die vorher vereinigten Atome ganz ihren Zusammenhang verlieren und die neugebildeten Moleküle sich trennen. – Bei dieser Annahme gibt die Auffassung eine gewisse Vorstellung von dem Vorgang bei Massenwirkung und Katalyse. Gerade so nämlich, wie ein Molekül eines Stoffes auf ein Molekül eines anderen einwirkt, so wirken auch alle anderen in der Nähe befindlichen Moleküle: sie lockern den Zusammenhang der Atome. [6]

Im folgenden wendete sich Kekulé dann gegen jene Chemiker, die den Typen einen anderen Inhalt beilegen wollen, als es die „Typiker" ausdrücklich definiert hatten. Es ging dabei auch um eine der Grundfragen der Chemie: sind Konstitutionsformeln, also Formeln, die den inneren Bau von Molekülen, ihre „Architektur", widerspiegeln, von Umsetzungsformeln verschieden oder nicht? In seinen Überlegungen erhoffte sich Kekulé von der physikalischen Chemie, die sich damals zu emanzipieren begann, große Unterstützung bei der Klärung dieser Frage:

Es ist nun einleuchtend, daß die Art, wie die Atome aus der in Zerstörung begriffenen und sich umändernden Substanz austreten, unmöglich dafür beweisen kann, wie sie in der bestehenden und unverändert bleibenden Substanz gelagert sind. Obgleich es also gewiß für eine Aufgabe der Naturforschung gehalten werden muß, die Konstitution der Materie, also wenn man will, die Lagerung der Atome zu ermitteln: so muß man zugeben, daß nicht das Studium der chemischen Metamorphosen, sondern vielmehr nur ein vergleichendes Studium der physikalischen Eigenschaften der bestehenden Verbindungen dazu die Mittel bieten kann. Kopp's treffliche Untersuchungen werden dazu vielleicht Angriffspunkte abgeben; und es wird vielleicht möglich werden, für die chemischen Verbindungen „Konstitutionsformeln" aufstellen zu können, die dann natürlich unveränderlich sein müssen. Aber selbst wenn dies gelungen, sind verschiedene rationelle Formeln (Umsetzungsformeln) immer noch zulässig, weil ein, durch in bestimmter Weise gelagerte Atome erzeugtes Molekül unter verschiedenen Bedingungen, in verschiedener Weise und an verschiedener Stelle sich spalten kann. [6]

Auch bei diesen Überlegungen wird das dialektische Herangehen Kekulés an die Problematik deutlich. Noch heute sind diese Vorstellungen aktuell, nur daß eine Tiefe der Erkenntnis der Struktur der Materie erreicht worden ist, von der Kekulé wohl nicht einmal zu träumen wagte.

Die Natur des Kohlenstoffs

Die Krönung der bereits mehrfach zitierten Arbeit [6] stellten Kekulés Ausführungen über die Natur des Kohlenstoffs dar. Zunächst stellt er fest, daß der Kohlenstoff, wenn man seine einfachsten Verbindungen betrachtet, „vieratomig (oder vierbasisch) ist". Weiter bemerkte Kekulé:

Wenn man den Kohlenstoff als vieratomiges Radikal in die Typen einführt [was bereits durch Odling geschehen war]; so erhält man für einige der schon bekannten Verbindungen verhältnismäßig einfache Formeln.

Die nun vorliegenden vier Haupttypen wurden von ihm in Kombination betrachtet und an Beispielen erläutert:

IV + 4 I	IV + (II + 2 I)	IV + 2 II	IV + (III + I)
$\text{Ꞓ}H_4$	$\text{ꞒƟ}Cl_2$	ꞒƟ_2	$\text{Ꞓ}NH$
$\text{Ꞓ}Cl_4$		$\text{Ꞓ}S_2$	
$\text{Ꞓ}H_3Cl$			
$\text{Ꞓ}HCl_3$			

Kekulé führte seine Betrachtungen fort:

Für Substanzen, die mehrere Atome Kohlenstoff enthalten, muß man annehmen, daß ein Teil der Atome wenigstens ebenso durch die Affinität des Kohlenstoffs in der Verbindung gehalten wurde und daß die Kohlenstoff-

atome selbst sich aneinander lagern, wobei natürlich ein Teil der Affinität des einen gegen einen ebenso großen Teil der Affinität des anderen gebunden wird.
Der einfachste und deshalb wahrscheinlichste Fall einer solchen Aneinanderlagerung von zwei Kohlenstoffatomen ist nun der, daß eine Verwandtschaftseinheit des einen Atoms mit einer des anderen gebunden ist. Von den 2 × 4 Verwandtschaftseinheiten der 2 Kohlenstoffatome wurden also zwei verbraucht, um die beiden Atome selbst zusammenzuhalten; es bleiben mithin 6 übrig, die durch Atome anderer Elemente gebunden werden können. Mit anderen Worten: eine Gruppe von 2 Atomen Kohlenstoff = $\mathrm{Ꞓ_2}$ wird sechsatomig sein, sie wird mit 6 Atomen eines einatomigen Elementes eine Verbindung bilden, oder überhaupt mit so viel Atomen, daß die Summe der chemischen Einheiten dieser = 6 ist (z. B. Äthylwasserstoff, Äthylchlorid, [. . .], Azetonitril, Zyan, [. . .] usw.).
Treten mehr als zwei Kohlenstoffatome in derselben Weise zusammen, so wird für jedes weiter hinzutretende die Basizität der Kohlenstoffgruppe um zwei Einheiten erhöht. Die Anzahl der mit *n* Atomen Kohlenstoff, welche in dieser Weise aneinander gelagert sind, verbundenen Wasserstoffatome (chemischen Einheiten) z. B. wird also ausgedrückt durch:
$n(4 - 2) + 2 = 2n + 2.$

Damit gab Kekulé die Erklärung, warum die gesättigten Paraffinkohlenwasserstoffe der Formel C_nH_{2n+2} gehorchen und eine homologe Reihe – der Begriff wurde bereits 1843 von Gerhardt eingeführt – zu bilden vermögen. Nachdem er auch noch am Beispiel des Pentans die Gültigkeit seiner Auffassung dargelegt hatte, baute er seine Vorstellungen weiter aus:

Seither wurde angenommen, daß alle an den Kohlenstoff sich anlagernden Atome durch die Verwandtschaft des Kohlenstoffs gebunden werden. Man kann sich aber ebenso gut denken, daß bei mehratomigen Elementen ($\mathrm{Ɵ}$, N usw.) nur ein Teil der Verwandtschaft dieser, [. . .] eine [. . .] der Einheiten [. . .] an den Kohlenstoff gebunden ist, so daß also von den [. . .] Verwandtschaftseinheiten [. . .] noch [. , .] [welche] übrig bleiben, die durch andere Elemente gebunden werden können. Diese anderen Elemente stehen also mit dem Kohlenstoff nur indirekt in Verbindung, was durch die typische Schreibweise [die Schreibweise der Typiker] der Formeln angedeutet wird:

$$\left.\begin{matrix}\mathrm{Ꞓ_2H_5}\\ \mathrm{H}\end{matrix}\right\}\mathrm{Ɵ}\qquad \left.\begin{matrix}\mathrm{Ꞓ_2H_5}\\ \mathrm{H}\\ \mathrm{H}\end{matrix}\right\}\mathrm{N}\qquad \left.\begin{matrix}\mathrm{Ꞓ_2H_3Ɵ}\\ \mathrm{Ꞓ_2H_5}\end{matrix}\right\}\mathrm{Ɵ}\qquad \left.\begin{matrix}\mathrm{Ꞓ_2H_5}\\ \mathrm{Ꞓ_2H_5}\\ \mathrm{Ꞓ_2H_5}\end{matrix}\right\}\mathrm{N}$$

. . . Bei einer sehr großen Anzahl organischer Verbindungen kann eine solche, „einfachste" Aneinanderlagerung der Kohlenstoffatome angenommen werden. Andere enthalten so viel Kohlenstoffatome im Molekül, daß für sie eine dichtere Aneinanderlagerung des Kohlenstoffs angenommen werden muß. [. . .]

Das Benzol z. B. und alle seine Abkömmlinge zeigt, ebenso wie die ihm homologen Kohlenwasserstoffe, einen solchen höheren Kohlenstoffgehalt, der diese Körper charakteristisch von allen dem Äthyl verwandten Substanzen unterscheidet.

Auf dieser Basis leitete Kekulé sieben Jahre später die Theorie der aromatischen Substanzen, d. h. des Benzols und seiner Derivate, ab.

Bemerkenswert ist die große Bedeutung, die Engels den vorstehenden Betrachtungen Kekulés über die homologen Reihen in seiner „Dialektik der Natur" [1, S. 58 f.] schenkte. Engels benutzte die Erkenntnisse Kekulés mit zum Beweis dafür, daß es auch in der organischen Chemie dialektisch zugeht. Auch Schorlemmer nahm sich dieses Themas in seinem Buch „Ursprung und Entwicklung der organischen Chemie" [7, S. 139 ff.] gründlich an und hatte während seines ganzen Lebens auf dem Gebiet der Paraffinkohlenwasserstoffe wissenschaftlich gearbeitet, womit er auch seinen Beitrag zur Bestätigung der Kekuléschen Ansichten geliefert hat [8, S. 36 ff. und 68]. Ihm ist es auch zu verdanken, daß Lücken in den homologen Reihen ausgefüllt werden konnten: er hat so manchen Körper synthetisiert, der der Theorie nach existieren mußte, aber noch nicht bekannt war.

Kekulé beschloß seine Arbeit mit folgenden Worten:

Schließlich glaube ich noch hervorheben zu müssen, daß ich selbst auf Betrachtungen der Art nur untergeordneten Wert lege. Da man indes in der Chemie bei dem gänzlichen Mangel exakt-wissenschaftlicher Prinzipien sich einstweilen mit Wahrscheinlichkeits- und Zweckmäßigkeitsvorstellungen begnügen muß, schien es geeignet, diese Betrachtungen mitzuteilen, weil sie, wie mir scheint, einen einfachen und ziemlich allgemeinen Ausdruck gerade für die neuesten Entdeckungen geben und weil deshalb ihre Anwendung vielleicht das Auffinden neuer Tatsachen vermitteln kann.
Heidelberg, 16. März 1858.

Diese Arbeit erschien am 19. Mai 1858 in Liebigs Annalen. Am 14. Juni 1858 trug Dumas in der Sitzung der Akademie der Wissenschaften in Paris eine Arbeit von Archibald Scott Couper, eines Schülers von Wurtz, vor, in der die Ansicht der Vierwertigkeit des Kohlenstoffs und seiner Fähigkeit, Ketten zu bilden, mitgeteilt wurde.

Couper aber benutzte noch immer das alte Atomgewicht des Sauerstoffs O = 8, so daß auch aus diesem Grunde die Priorität des Erkennens der Natur des Kohlenstoffs mit Recht Kekulé zuge-

sprochen wurde. Coupers Arbeit aber enthielt auch ein neues wichtiges Detail, das später von Kekulé in abgewandelter Form übernommen wurde: Couper stellte die chemische Bindung durch punktierte Linien dar, eine Schreibweise, die für Valenz- und Strukturlehre von einiger Bedeutung war.
Die Ausführungen Kekulés enthielten bereits implizit die Vorstellung, „daß die verschiedenen Atomarten durch die Anzahl der Bindungen, die sie mit anderen Atomen eingehen können, charakterisiert werden (Wertigkeit, *Valenz*)". [21, S. 453] Aber auch die Raumerfüllung chemischer Moleküle wurde von ihm angenommen:

> Die Vorstellung, daß die Moleküle als räumliche Anordnung von Atomen dargestellt werden können, war von dem großen deutschen Chemiker Kekulé [. . .] logisch entwickelt worden. [. . .] Es genügte nicht mehr, die Anzahl der Atome im Molekül einer Substanz anzugeben. [. . .], sondern durch eine Art Plan – im Sinne eines Architekten –, durch eine *Struktur*formel anzudeuten, wie sie darin angeordnet sind. [21, S. 452 f.]

Spätestens mit der Entwicklung seiner Benzoltheorie wurden diese Gedanken von Kekulé auch explizit formuliert.

Kekulé wird Professor der Chemie in Gent (1858)

Am 31. März 1858 verstarb in Gent der Professor der allgemeinen Chemie Daniel Joseph Benoît Mareska, ursprünglich Mathematiker, wandte er sich später der Medizin zu und wurde schließlich beauftragt, Chemie zu lesen. Als Assistent stand ihm François Marie Louis Donny zur Seite, ein erfinderischer Gelehrter, mehr Physiker als Chemiker. Man kann sich leicht denken, daß der Zustand der Ausbildung im Fach Chemie durch diese Konstellation nicht gerade optimal war. Obwohl sich Donny zum Hochschullehrer nicht gut eignete, sahen viele seiner Landsleute in ihm den geeigneten Nachfolger Mareskas, zumal er sich vieler Sympathien erfreute. Dem zuständigen königlich-belgischen Ministerium war der desolate Zustand durchaus bewußt. Da der zur damaligen Zeit wohl bedeutendste belgische Chemiker, Jean-Servais Stas, einen Ruf nach Gent nicht akzeptierte, weil er sich weiter seinen Aufgaben in Brüssel widmen wollte, wurde er vom verantwortlichen Minister, Charles Rogier, beauftragt, einen geeigneten Nachfolger für Mareska zu finden. Stas wandte sich brieflich an Dumas in Paris, Heinrich Gustav Magnus in Berlin, Liebig in München und Friedrich Wöhler in Göttingen, um von ihnen Vorschläge für die Neubesetzung des vakanten Lehrstuhls einzuholen. Wöhler empfahl Heinrich Limpricht, einen bereits wohlbekannten, auf organisch-präparativem Gebiet tätigen Chemiker, Extraordinarius in Göttingen. Die Antwort von Dumas ist von Stas offenbar nicht ernst genommen worden, da er mehrere wenig bekannte Chemiker, darunter auch Donny, benannte.

Die Aufgabe, vor der Stas stand, komplizierte sich nicht nur durch wissenschaftspolitische Aspekte, sondern auch durch die innenpolitische Situation. Belgien hatte sich sehr früh zu einem bedeutenden kapitalistischen Industrieland entwickelt. Das Niveau der Produktivkräfte in Belgien zählte bereits damals zu einem der höchsten in Europa. Marx nannte schon 1867 in seinem „Kapital" Belgien ein Paradies der Kapitalisten, in dem es frühzeitig eine gut organisierte Arbeiterklasse gab und das auch zeitweilig das Zentrum der organisierten internationalen Arbeiterklasse in der zweiten Hälfte des 19. Jahrhunderts war. Bei der Unterdrückung von Belgiens Arbeitern und deren Forderungen hatte sich Rogier keinen guten Namen gemacht. Auf das Konto des liberalen Kabinetts Rogier kam 1848 auch Marx' Ausweisung aus Belgien.

Die belgische Regierung hatte bei einer Neuberufung nicht die Absicht, den Zustand der Chemie in Gent, das zur damaligen Zeit eines der ersten Zentren der Industriellen Revolution auf dem Kontinent darstellte, zu belassen, sondern wollte einen Gelehrten berufen, der neben der Vorlesungstätigkeit auch in der Lage sein sollte, das erste chemische Unterrichtslaboratorium an einer Universität in Belgien aufzubauen. Solche Fähigkeiten konnten zu dieser Zeit nur von Chemikern erwartet werden, die in Deutschland, Frankreich oder England arbeiteten. Hinzu kam die Notwendigkeit der Beherrschung der französischen Sprache.

Als Stas sich auf einer Reise durch Deutschland im Herbst 1858 direkt über potentielle Kandidaten für die Genter Professur informierte, scheint von Liebig und Bunsen seine Aufmerksamkeit auf Kekulé gelenkt worden zu sein. Bereits bei dieser Gelegenheit lernten sich Stas und Kekulé kennen und schätzen.

Mit Schreiben vom 28. September 1858 empfahl Stas dem Innenminister Rogier Limpricht und Kekulé. Nach Prüfung aller Um-

stände berief der König der Belgier, Leopold, am 8. Oktober 1858 Kekulé als ordentlichen Professor für anorganische und organische Chemie und ernannte Donny gleichzeitig zum außerordentlichen Professor für technische Chemie, so daß er in dieser Stellung von Kekulé unabhängig war.
Rechtsgerichtete patriotische Kreise Belgiens empfanden die Berufung eines Deutschen als Affront. So kam es in dieser Angelegenheit sogar zu parlamentarischen Anfragen an Rogier, der sich aber in seinem Standpunkt nicht beirren ließ und seine Wahl mit den Erfahrungen begründete, die Kekulé in der praktischen Laborausbildung der Studenten besaß, während in Belgien noch niemand mit gleichen Fähigkeiten zu finden war. Auch in der Presse wurden heftige und vorwurfsvolle Artikel gegen Stas' Vorschlag veröffentlicht.
Deshalb hatten Rogier und Stas, mit denen Kekulé in seiner liebenswürdig-heiteren Art rasch guten persönlichen Kontakt gefunden hatte, gewisse Sorgen, als sie hörten, daß die Genter Studentenschaft die feste Absicht hatte, dem Ausländer seine Stellung zu verleiden. Das veranlaßte Rogier, die Anwesenheit einiger Geheimpolizisten in Kekulés erster Vorlesung in Gent anzuordnen.
Kekulé berichtete später selbst über den Verlauf dieser Vorlesung. Der ruhestörende Lärm zu Beginn der Vorlesung sei betäubend gewesen. Aber er ließ sich nicht beirren, fuhr fort, seine sorgfältig in französischer Sprache vorbereitete Vorlesung zu halten, und sparte nicht mit experimenteller Unterstreichung seiner Ausführungen. Während seiner brillianten Vorlesung glätteten sich die Wogen des Mißfallens und am Ende überschütteten die Studenten Kekulé mit redlich verdientem Beifall.
Dieser Erfolg Kekulés hatte zweierlei zur Folge:

1. Er gehörte von Anfang seiner Genter Zeit an zu den beliebtesten Professoren der Universität und
2. hatte er Rogier endgültig und vollends für sich gewonnen, was u. a. für die Lösung von Kekulés materiell-finanziellen Problemen von großem Wert sein sollte.

So groß die Enttäuschung von Kekulés Freunden auch war, daß ihm kein Lehrstuhl in Deutschland angeboten worden war, so sehr unterstützten sie ihn auch bei seinem neuen Anfang in Gent: Baeyer und Theodor Kündig gingen mit ihm, und sie waren seine ersten Stützen in der wissenschaftlichen Arbeit.

Kekulés erste Eindrücke von Gent schildert er seinem Freunde Karl Weltzien in Karlsruhe in einem Brief vom 4. Dezember 1858 wie folgt:

... Nach meiner Ankunft habe ich 14 Tage die Stadt durchlaufen, um ein Logis zu finden ... Der Glanzpunkt von allem aber ist die Universität und in ihr das Laboratorium, das zu allem eher eingerichtet ist als zum Arbeiten.
Die Universität ist äußerlich ein Palast, innerlich aber Nichts als Mangel an Raum. So zwar, daß das Chemische Departement [...] noch verhältnismäßig gut bedacht ist [...]
Im Inneren des Laboratoriums habe ich alles in schönstem Zustand, d. h. blank geputzt und in herrlicher Ordnung angetroffen und habe seitdem die Ursache davon darin gefunden, daß der Diener darauf dressiert ist, Alles, mit dem man gerade arbeitet, wegzuräumen. Die Sammlung erscheint äußerlich ebenso. Rings an den Wänden herrliche Glasschränke, mit mannigfachen veralteten Apparaturen und mit Präparatengläsern von hunderterlei Format angefüllt. [...] Von Lampen kennt man hier nur die kleinen Glaslampen; ein Korkbohrer und eine Korkzange haben allgemeines Staunen erregt. [...]
Unter den verschiedenen *kleineren* Verbesserungen, die ich in nächster Zeit einführen will, befindet sich auch die Einrichtung von Gas. Ich nehme mir daher die Freiheit, Sie um Ihren Rat und um Mitteilung Ihrer Erfahrungen zu bitten. [...] Bitte [...] fügen Sie bei, wieviel Gas durchschnittlich pro Platz und Schüler verbraucht wird.
[...] In dieselbe Kategorie gehört auch noch die Einrichtung für fließendes Wasser an den Arbeitsplätzen vermittels eines vollzupumpenden Reservoirs. An größeren Verbesserungen und besonders Vergrößerung des Lokals, so daß auch Laboratoriumsunterricht eingeführt werden kann, ist vorerst nicht zu denken. Zunächst muß nur dafür Sorge getragen werden, daß die Vorlesung wenigstens so gut zu Stande kommt als es meiner geringen Persönlichkeit möglich ist; das Laboratorium wird nur für Privatuntersuchungen, nicht für Unterricht hergestellt. Seit heute ist im Laboratorium schon ziemliche Tätigkeit, Kündig ist seit 3 Wochen bereits hier, Baeyer ist gestern angekommen und hat heute schon zu arbeiten angefangen.
Gestern und vorgestern war auch Stas hier auf Besuch. Ich hatte ihn gebeten herzukommen, um von dem Jammerzustand Kenntnis zu nehmen und seinen Freunden im Ministerium gelegentlich die Melodie wieder vorzupfeifen, die ich zu singen angefangen. [...] An Stas habe ich in der Beziehung eine treffliche Stütze; sein Einfluß auf das Ministerium ist ebenso groß wie seine Bekanntschaften ausgedehnt; seine Zähigkeit aber übertrifft beides. [2, S. 141 ff.]

An Stas hatte die einheimische Presse, wie schon erwähnt, keinen guten Faden gelassen und ihm wegen der Berufung des Deutschen Kekulé heftige Vorwürfe gemacht. Diese Artikel müssen in einem

3 Der Eingang der alten Universität Gent: „... äußerlich ein Palast, innerlich aber Nichts als Mangel an Raum“

für uns heute unvorstellbar rüden Ton gehalten gewesen sein. Darauf bezieht sich Kekulé im bereits zitierten Brief ebenfalls:

Stas hat mir übrigens einen bösen Streich gespielt. Er hat eine ganze Sammlung von Zeitungen, die man ihm zugeschickt hatte und in denen er mit ganz besonderer Zartheit behandelt war, verbrannt. So bin ich also leider nicht im Stand, Ihnen eine größere Anzahl solcher Zeitungsartikel zuzusenden, wie ich es Ihnen versprochen. Ich werde indes aus den circa 20, die in meinen Händen sind, einige auswählen und Ihnen zuschicken. Die saftigsten sind leider nicht in meinem Besitz. [2, S. 141 ff.]

Diese Zeilen zeigen den ungebrochenen Humor Kekulés, und da er zunächst nur in beschränktem Maße experimentell arbeiten konnte, aber alle notwendigen Maßnahmen einleitete, um dies bald wieder in vollem Umfange tun zu können, befaßte er sich neben seinen Vorlesungsverpflichtungen wieder sehr intensiv mit Arbeiten an seinem Lehrbuch. Dabei konnte er – dank seines nunmehrigen Gehaltes von 6 000 belgischen Francs – echte Havanna-Zigarren rauchen!
Die ersten wissenschaftlichen Veröffentlichungen aus dem Genter Laboratorium nach der Amtsübernahme durch Kekulé stammten von Baeyer. Doch bald nahm Kekulé selbst seine alten Arbeiten über mehrwertige aliphatische Säuren wieder auf. Dieses Gebiet wurde zu dieser Zeit von verschiedenen Forschern bearbeitet, und einige von ihnen veröffentlichten ihre Einzelergebnisse vor Kekulé. In seiner 1860 veröffentlichten Arbeit „Über die Bromsubstitutionsprodukte der Bernsteinsäure und ihre Verwandlung in

4 Kekulés Laboratorium an der Universität Gent

Weinsäure und Äpfelsäure" [9] gelang es Kekulé, die chemischen Zusammenhänge, die zwischen den neu entdeckten Säuren bestanden, überzeugend darzulegen. Wieder zeigte sich seine Fähigkeit, Gesetzmäßigkeiten aus experimentellen Einzelergebnissen abzuleiten. Er schrieb:

Es ist jetzt Tatsache, [...] daß die Äpfelsäure zur Bernsteinsäure in derselben Beziehung steht wie die Glykolsäure zur Essigsäure usw. Die Äpfelsäure und die Weinsäure finden also jetzt ihre natürliche Stelle in dem System der organischen Verbindungen, welches in der letzten Zeit von vielen Chemikern angenommen worden ist und von dem ich früher die leitenden Ideen mitgeteilt habe. [6]

Die Basizität einer Säure ist also unabhängig von der Atomigkeit ihres Radikals und von der Atomigkeit der Säure; sie ist unabhängig von der Gesamtzahl der typischen Wasserstoffatome; aber abhängig von der Anzahl der im Radikal enthaltenen Sauerstoffatome.

Diese und zum gleichen Thema früher veröffentlichte Arbeiten waren der Ausgangspunkt der später so berühmt gewordenen Arbeiten Kekulés und seiner Schüler über organische Säuren. Im gleichen Jahr führte Kolbe seinen ersten Angriff gegen die Kekuléschen Auffassungen. Diesem sollten noch weitere folgen. Kolbe, der noch immer, wie wir heute wissen, die falschen Atomgewichte benutzte, während Kekulé bereits die neuen übernommen hatte, führte eine spitze Feder. Seine Ausführungen waren häufig mit unsachlichen Ausfällen gegen alle Verfechter moderner Ideen durchzogen. In seinen Augen war nur er selbst unfehlbar. Da er aber zu den bedeutenden Chemikern seiner Zeit zählte, nicht wegen seiner Erfolge auf theoretischem, sondern auf experimentellem Gebiet, mußte seine Kritik ernst genommen werden.
So bezeichnete Kolbe die Typenlehre als eine Methode, mit der die Handhabung der Chemie zu einem leeren Formelspiel geworden sei. Kekulé ließ Kolbes Angriff zunächst unbeantwortet. Kopp aber wies Kolbe nach, daß dieser faktisch zum Anhänger der Typentheorie geworden war, die er angeblich zu bekämpfen suchte: Kolbe faßte, genau wie die Typiker, die organischen Körper als Abkömmlinge unorganischer Körper auf. Auch Wurtz fuhr Kolbe in die Parade.
Während Kolbe seine nächsten Angriffe vorbereitete und Kekulé wissenschaftlich-experimentell neue Ergebnisse erzielte, ersann Kekulé gemeinsam mit Weltzien, den er in den Herbstferien 1859

in Karlsruhe besuchte, eine ganz andere Form der Klärung dringlicher Fragen: Kekulé schlug Weltzien vor, einen internationalen Chemiker-Kongreß nach Karlsruhe einzuberufen, um über die Begriffe *Atom, Molekül* und *Äquivalent* eine Übereinstimmung unter den Chemikern zu erzielen und so eine einheitliche Schreibweise chemischer Formeln herbeizuführen.

Im Laufe des Wintersemesters 1859/60 gewann Weltzien auch Wurtz für die Abhaltung eines solchen Kongresses, und in einem Brief vom 14. März 1860 entwickelte Kekulé, nachdem er Weltziens und Wurtz' Vorstellungen zur Kenntnis bekommen hatte, sein Programm.

Bei der Vorbereitung und Durchführung dieses Kongresses bewies Kekulé hervorragende wissenschaftsorganisatorische Fähigkeiten.

Bevor jedoch der Kongreß stattfinden konnte, mußte Kekulé eine neuerliche Attacke Kolbes abwehren, wobei er jedoch das Glück des Tüchtigen auf seiner Seite hatte: Während Kekulé bereits am 4. August 1860 der Königlich-Belgischen Akademie eine Arbeit über Salizyl- und Benzoesäure vorgelegt hatte, veröffentlichte Kolbe kurz danach in Liebigs Annalen einen Artikel „Über Konstitution und Basizität der Salizylsäure". Die in dieser Abhandlung erneut vorgetragenen Angriffe gegen die modernen Ansichten der Konstitution mehrwertiger Verbindungen konnten von Kekulé erst im Jahre 1861 pariert werden, da bereits im September 1860 der Karlsruher Chemiker-Kongreß stattfinden sollte, dem sich Kekulé zunächst widmen mußte.

Der internationale Chemiker-Kongreß in Karlsruhe vom 3.–5. September 1860

Kekulé war, als er den Karlsruher Kongreß konzipierte, ganze 30 Jahre alt und bewies innerhalb weniger Monate, daß er außer theoretischen und praktisch-experimentellen auch noch ganz andere Fähigkeiten besaß.

Sein Geschick, eine so bedeutende Aufgabe wie die Organisierung eines internationalen Kongresses in Angriff zu nehmen, kam u. a. darin zum Ausdruck, daß er sich in Weltzien und Wurtz Mitstreiter verpflichtete, deren Anteil am Zustandekommen dieses Kongresses bedeutend war.

Im bereits genannten Brief von Kekulé an Weltzien, den dieser am 14. März 1860 von Gent aus nach Karlsruhe sandte, schätzte Kekulé die Lage nüchtern, aber nicht ohne Humor, ein:

Was mich am meisten beunruhigt, ist die Frage, ob die hohen Herren der Wissenschaft: Liebig, Rose, Mitscherlich, Bunsen etc. sich „dazu hergeben" werden. Der letztere *kann* sich nicht wohl ausschließen, wenn die Sache in Karlsruhe vor sich geht, und darin sehe ich einen Hauptvorzug dieses Platzes als Versammlungsort, der mir persönlich [...] angenehmer ist als irgendein anderer. Die drei ersteren werden zwar schwerlich besondere Klarheit in die Verhandlungen bringen, aber ihr Heiligenschein könnte dazu beitragen, das Ganze in besseres Licht zu setzen. Wöhler scheint mir ganz besonderer Aufmerksamkeit wert. [...] Wichtiger ist es, sich zu verständigen, welche Richtung man dem Ganzen geben will und was als Zweck und Hauptaufgabe des Kongresses hingestellt werden soll. [...] Man könnte [...] vielleicht als Hauptaufgabe hinstellen:

1) Durch Austausch der Ansichten und Diskussion einzelner Hauptfragen sich zu verständigen, welche der jetzt schwebenden Theorien den Vorzug verdient.
2) Eine Übereinkunft zu treffen oder wenigstens vorzubereiten, um gleiche Gedanken in gleicher Form, sowohl in Wort als Schrift auszudrücken.

Dazu gehört z. B.

a) Feststellen, welche Worte für bestimmte Begriffe zu brauchen sind, so z. B. Äquivalent, Atom, Molekül, atomig, basisch, Atomigkeit, Basizität, 2 oder 4 volumig etc. etc.
b) Durch welche Symbole sollen die Atome und durch welche die Äquivalente der Elemente ausgedrückt werden. Darüber ist eine Übereinkunft nötig, um übereinstimmende Schreibweise atomistischer Molekularformeln einerseits und der Äquivalentformeln andererseits zu ermöglichen.
c) Übereinkunft über Schreibweise der rationellen Formeln. Das heißt nicht etwa Diskussion der verschiedenen rationellen Formeln, sondern nur: welche Stellung der Buchstaben soll benutzt werden, um einen und denselben Gedanken auszudrücken.
d) Anbahnung einer gleichmäßigen und rationellen Nomenklatur. –

Es ist von vornherein nicht zu erwarten, daß über alle diese Punkte eine vollständige Verständigung direkt erzielt werden kann. Aber sie kann für die Zukunft vorbereitet werden, und der Kongreß könnte eine später zu treffende Übereinkunft vielleicht dadurch vorbereiten, daß er eine aus *wenig* Mitgliedern bestehende Kommission beauftragt, über einzelne Punkte detaillierte Vorschläge auszuarbeiten, die einem späteren Kongreß vorgelegt werden könnten. [...]

Ich sehe jetzt schon voraus, daß die Anwendung der neuen Typentheorie auf die Anorganische Chemie eine besondere Schwierigkeit darbieten und eine gewaltige Opposition hervorrufen wird.

Wenn Odling kommt, so finde ich in ihm eine wesentliche Stütze. Wenn nicht, so denke ich, es soll auch so gelingen, den Herren zu zeigen, daß die neue Typentheorie nicht nur anwendbar ist, sondern daß sie vor dem

Dualismus nicht unbedeutende Vorzüge darbietet. Ich [...] würde, wenn die Sache überhaupt zu Stande kommt, mir wohl die Mühe nehmen, diesen Gegenstand systematisch zu behandeln. Ich zweifle kaum, daß es für alle genauer bekannten Elemente ausführbar ist. Für die anderen muß man sich eben mit den bis jetzt bekannten Analogien begnügen. [...] Ich bitte Sie [...], mir Ihre Pläne mitzuteilen. Die [...] Hochzeit [von Kekulés Nichte] kann mich nicht daran hindern. Ein Zusammentreffen mit Ihnen und Besprechung unserer *revolutionären* [Hervorhebung durch W. G.] Pläne geht vor und ist mir ein hinlängliches Motiv [..] wieder abzuschreiben. [2, S. 184 ff.]

Die von Kekulé, Weltzien und Wurtz geplante Zusammenkunft fand noch im März 1860 in Paris statt. Baeyer begleitete Kekulé, Roscoe war ebenfalls anwesend. Die Folge der Unterredung in Paris war eine Flut von Briefen zur Einladung nach Karlsruhe an alle Großen der Chemie, wobei es ein arbeitsteiliger Prozeß gestattete, so ziemlich alle wohlbekannten Chemiker der älteren und der jüngeren Generation anzusprechen. Die meisten namhaften Chemiker sagten ihre Teilnahme am Kongreß zu. Kolbe aber lehnte ab. Er schrieb an Weltzien:

Hochgeehrter Herr Kollege!
In Erwiderung Ihrer gestrigen Zuschrift kann ich nur meine volle Zustimmung dazu aussprechen, daß es im höchsten Grade wünschenswert wäre, wenn eine Einigung der Chemiker bezüglich der von Ihnen angedeuteten Punkte zu Stande käme. Allein um ganz offen meine Meinung zu sagen, kein Zeitpunkt scheint mir dazu ungeeigneter, als eben der jetzige. Es ist vorauszusehen, daß auf einem *jetzt* anzustellenden Kongreß die von Gerhardt und Williamson eingeführte chemische Anschauungsweise, auf welche Wurtz, Kekulé, Limpricht ff. neue unfruchtbare Pfropfreiser gesetzt haben, dominieren, und daß sie für alle Resolutionen maßgebend sein wird. Ich hege nun aber die Überzeugung, daß diese Richtung, deren Produktionskraft bereits erloschen ist, sich überlebt hat und daß daher Normen, welche auf dieser Basis jetzt eingeführt werden, in aller kürzester Zeit durch neue ersetzt werden müssen.
Diese und noch andere Gründe verhindern mich, Ihren Wunsch *diesmal* zu erfüllen.

Mit ausgezeichneter Hochachtung
Ihr ganz ergebenster
Marburg, den 17. April 1860 H. Kolbe
[2, S. 188]

Wohl aus ähnlichen Motiven lehnte von den französischen Chemikern nur Berthelot seine Teilnahme ab.
Inzwischen bemühte sich Kekulé um weitere Präzisierungen des Kongreßablaufes, wobei seine realistische Einschätzung der Situa-

tion unter den Chemikern immer wieder auffällt. Er schrieb in einem Brief an Weltzien, abgesandt in Louvain am 24. Juli 1860 und der offenbar als eine Antwort auf einen Brief Weltziens, der bis heute allerdings nicht aufgefunden werden konnte, zu verstehen ist:

Ich sende Ihnen 2 Exemplare des englischen und 1 Exemplar des belgischen Zirkulars. Sie sehen aus dem ersteren, daß ich, im Interesse der Sache, darauf verzichtet habe, für England den Kommissär zu spielen, und daß Williamson die Rolle übernommen hat. Damit hat Williamson natürlich auch die Verantwortlichkeit für Einladung der englischen Chemiker. Ich hatte mit Foster eine Liste der etwa einzuladenden Engländer entworfen; Williamson und Brodie haben ihre Bemerkungen dazu gemacht, und Foster hat dann die Einladung besorgt. [. . .]
. . . Ich halte . . . die Wahl ständiger Präsidenten für höchst *mißlich* und möglicherweise für die Sache sogar *gefährlich*. Mißlich, weil unter den hohen Herren, die etwa kommen werden, kaum eine Wahl getroffen werden kann, die nicht den einen oder anderen beleidigen oder wenigstens verletzen könnte. [. . .] Gefährlich aber scheint mir ein ständiger Präsident werden zu können, weil ein solcher zu großen Einfluß auf den Gang der Verhandlungen ausüben und so die ganze Sache möglicherweise in den Dreck reiten kann. Ich glaube, wir können ohne Selbstüberhebung behaupten, daß diejenigen hohen Herren, die man zum Präsidenten wählen kann, weniger genau wissen, was die Versammlung eigentlich leisten soll und kann, als mancher der Jüngeren.
[. . .] Anders scheint mir's mit dem Secretarium. Ich halte die Sekretäre für wichtiger wie die Präsidenten. Ich glaube, das Sekretariat sollte so zusammengesetzt sein, daß man möglicherweise (für den Fall nämlich, daß die Versammlung etwas leistet) die Verhandlungen kann drucken lassen. Das Sekretariat müßte also aus der tüchtigen und tätigen Jugend der verschiedenen Nationen oder, besser gesagt, der verschiedenen Sprachen gewählt werden. Die eigentliche Geschäftsleitung wäre dann in den Händen des Sekretariats.
[. . .] Vorbereiten einer größeren Anzahl von Vorträgen scheint mir *nicht nötig* und nicht einmal *geeignet*. Sie können nur dazu dienen, die Zeit auszufüllen, werden aber der Sache wenig nützen. [. . .]
Ich glaube, wenn durch ein *richtiges* Programm die Versammlung auf den *richtigen* Weg geleitet wird, so wird es an *Zeit* fehlen, nicht aber an Material und an Rednern. Ein *richtiges* Programm halte ich allerdings für eine schwere Aufgabe. Nach meiner Ansicht sollte der wissenschaftliche Zweck chemischer Forschung hervorgehoben, die eigentliche Wissenschaft der Chemie philosophisch zergliedert und über die einzelnen Teile dann eine Diskussion herbeigeführt werden. [. . .]
Und ich leugne nicht, ich fürchte sehr, die Versammlung wird ohne Resultate bleiben, wenn man dem einzelnen Gelegenheit gibt, in schmuckvoller Rede sich und seine Privatansicht herauszustreichen, oder dem einen oder anderen Mäzen Schmeicheleien zu sagen . . . [2, S. 190 ff.]

Schließlich kam eine Einladung zustande, die, in drei Sprachen verfaßt, Anfang Juli 1860 zum Versand kam und folgenden Wortlaut hatte (Auszug):

Herrn ... Carlsruhe, den 10. Juli 1860

Die Chemie ist auf einem Standpunkte angelangt, wo es den Unterzeichneten zweckmäßig erscheint, durch Zusammentritt einer möglichst großen Anzahl von Chemikern, welche in der Wissenschaft tätig und diese zu lehren berufen sind, eine Vereinigung über einzelne wichtige Punkte anzubahnen. [...]

Eine derartige Versammlung wäre nach der Meinung der Unterzeichneten allerdings nicht imstande, allgemein bindende Beschlüsse zu fassen, aber durch eine eingehende Besprechung könnten manche Mißverständnisse beseitigt, namentlich eine Übereinstimmung hinsichtlich folgender Hauptpunkte erleichtert werden: Präzisierte Definition der durch die Ausdrücke: Atom, Molekül, Äquivalent, Atomigkeit, Basizität etc. bezeichnete Begriffe; Untersuchung über das wahre Äquivalent der Körper und ihre Formeln; Anbahnung einer gleichmäßigeren Bezeichung und einer rationelleren Nomenklatur. [...]

Schließlich könnte noch eine Kommission ernannt werden, welcher die Aufgabe zukäme, die angeregten Fragen weiter zu verfolgen und namentlich die Akademien und andere gelehrte Gesellschaften, welche über die nötigen Mittel zu verfügen haben, zu veranlassen, zur Lösung der erwähnten Fragen das Ihrige beizutragen. [10, S. 15 f.]

Die Einladung trug u. a. die Unterschriften von Bunsen, Dumas, Frankland, Hofmann, Kekulé, Kopp, Liebig, Roscoe, Strecker, Weltzien, Williamson, Woehler, Wurtz, Zinin.

Die Einladung fiel auf fruchtbaren Boden. Ihr folgten 127 Teilnehmer. Die sorgfältig vorbereitete Eröffnungsrede des Kongresses hielt Weltzien, in seinen Ausführungen sagte er u. a.:

Zum ersten Male sind hier die Vertreter einer einzigen Naturwissenschaft, und zwar der jüngsten, versammelt; diese Vertreter gehören aber fast allen Nationalitäten an. Wir sind verschiedenen Stammes und sprechen verschiedene Sprachen, aber wir sind fachverwandt, uns verbindet ein wissenschaftliches Interesse, uns vereinigt dieselbe Absicht.

Wir sind versammelt zu dem bestimmten Zwecke, den Versuch zu machen, in gewissen, für unsere schöne Wissenschaft wichtigen Punkten eine Einigung anzubahnen.

Bei der außerordentlich raschen Entwicklung der Chemie, besonders bei der massenhaften Ansammlung des tatsächlichen Materials, sind die theoretischen Ansichten der Forscher und die Ausdrücke in Wort und Symbol weiter auseinander gegangen, als zur gegenseitigen Verständigung zweckmäßig und besonders für das Lehren ersprießlich ist. Und doch bei der Wichtigkeit der Chemie für die übrigen Naturwissenschaften, bei der Unentbehrlichkeit derselben für die Technik muß es im höchsten Grade wünschenswert und geboten erscheinen, ihr eine exaktere Form zu geben, damit es

möglich werde, dieselbe in verhältnismäßig kurzer Zeit wissenschaftlich zu lehren.
Um dies zu erlangen, sollten wir nicht gezwungen sein, verschiedene Ansichten und Schreibweisen, wobei die Verschiedenheiten wenig Wesentlichkeiten bieten, vorzutragen, nicht mit einer Nomenklatur belastet sein, welcher bei einer Masse von unnötigen Synonymen meist alle rationelle Basis abgeht und die zur Vermehrung des Übelstandes sich meist von einer Theorie ableitet, welche jetzt kaum mehr Gültigkeit besitzt. Die zahlreiche Beteiligung an der Versammlung ist wohl ein deutliches Zeichen, daß diese Mißstände allseitig erkannt sind und eine Beseitigung derselben im Wege der Einigung im höchsten Grade wünschenswert erscheint. Die Erreichung dieses Zieles ist ein so schöner Preis, daß es wohl der Mühe wert ist, den Versuch hierzu zu machen.
Den ersten Gedanken zu einem Chemiker-Kongreß sprach unser Kollege Kekulé schon vor längerer Zeit gegen mich aus. [10, S. 18 f.]

Trotz aller eifrigen Bemühungen der Organisatoren wäre der Kongreß wohl ohne das gewünschte Ergebnis zu Ende gegangen, wenn

5 Karrikatur auf Kekulé 1860

nicht die Auseinandersetzung zwischen Stanislao Cannizzaro und Kekulé zustande gekommen wäre. In den Kommissionssitzungen hatten sie sich nicht einigen können. In der letzten Kongreßsitzung dagegen lenkte Kekulé in Cannizzaros Überlegungen ein.

Dessen klare und präzise Ausführungen lagen bereits in einer bisher wenig beachteten Schrift vor, die er nach Beendigung des Kongresses verteilen ließ, und die sich, nachdem ihr Inhalt von den Teilnehmern zur Kenntnis genommen worden war, als äußerst wirksam erwies.

Da der Kongreß die Sehnsucht nach Klarheit und Einigung geweckt hatte, konnte in dem nun gut vorbereiteten Boden Cannizzaros Saat schnell aufgehen. Erleichtert wurde der Siegeszug durch die gleichzeitige Herausarbeitung des Valenzbegriffes, besonders in Kekulés „Lehrbuch der Organischen Chemie oder der Chemie der Kohlenstoffverbindungen".

Cannizzaros Erfolg, der auf dem Kongreß selbst durchaus noch nicht sichtbar geworden war, gründete sich auf die konsequente Fortführung der Geanken von Amadeo Avogadro und André Marie Ampère. Sie hatten bereits zu Beginn des 19. Jahrhunderts ihre Molekulartheorien veröffentlicht, ohne daß diese ins Bewußtsein der Chemiker drangen, da sie mit ihren Vorstellungen ihrer Zeit vorauseilten. Erst der Karlsruher Kongreß brachte durch Cannizzaros ihre Ideen ins Bewußtsein. Der Unterschied von physikalischen und chemischen Molekülen war im Lichte ihrer Überlegungen gegenstandslos geworden.

Cannizzaro war auf dem Wege der geschichtlichen Untersuchung zu der Einsicht gelangt, daß die in den letzten Jahren gemachten Fortschritte der Wissenschaft die Hypothesen von Avogadro, Ampère und Dumas über die gleichartige Beschaffenheit der Körper im Gaszustande bestätigen, d. h. die Annahme, daß gleiche Volumina derselben, mögen sie einfach oder zusammengesetzt sein, eine gleiche Anzahl von Molekeln enthalten, keineswegs aber eine gleiche Anzahl von Atomen. [11, S. 86]

Aus seinen handschriftlichen Vorbereitungen auf den Karlsruher Kongreß und den entsprechenden Passagen in seinem Lehrbuch [12, S. 241] geht eindeutig hervor, daß Kekulé die Avogadro-Ampèresche Hypothese nicht kannte. Auch nach dem Karlsruher Kongreß brauchte er noch lange Zeit, um sich von der Richtigkeit der Cannizzaroschen Ausführungen endlich zu überzeugen. Erst dann waren auch für ihn die physikalischen *und* chemischen Moleküle bewältigte Vergangenheit.

Kekulés „Lehrbuch der organischen Chemie“, seine Arbeiten über mehrwertige organische Säuren und seine Vision (1861–1862)

Das Lehrbuch

Durch Kekulés vielfältige Verpflichtungen, die er sich, wie z. B. auch der internationale Chemikerkongreß beweist, oft selbst auferlegte, gelang es ihm nicht, sein Lehrbuch in einer Lieferung erscheinen zu lassen. So kam es, daß der 1. Band seines „Lehrbuches der Organischen Chemie oder der Chemie der Kohlenstoffverbindungen“ erst 1861 beim Verlag Enke in Erlangen vollständig erscheinen konnte, während die erste Lieferung zu diesem Band bereits 1859 erschienen war.

Durch den Karlsruher Kongreß mußten aber auch von Kekulé viele neue, vor allem theoretische Probleme in neuen Zusammenhängen durchdacht werden. Während der historische Teil im 1. Band bereits bei Kekulés Zeitgenossen als Meisterwerk in der Darstellung galt, der vielen Chemikern, die sich in späteren Jahren mit Chemiegeschichte befaßten, als Anleitung gedient hat, mußte der theoretische Teil auf Grund der neuen Ansichten, die sich im Gefolge der Molekularhypothese durchsetzten, ständig auf den neuesten Stand gebracht werden. Diese Notwendigkeit aber hatte zwei Seiten: einmal wurde der Text des Lehrbuches, obwohl er in sehr eindringlicher Weise die Ansichten Kekulés wiedergab, zerrissen, zum anderen waren in jeder Lieferung dieses Lehrbuches stets die modernsten Theorien dargestellt, was es zum aktuellsten seiner Zeit machte, und das nicht nur im theoretischen Teil, sondern insgesamt.

In seinem Lehrbuch benutzte er auch die graphischen Darstellungen von chemischen Formeln, deren er sich seit seiner Heidelberger Zeit in seinen Vorlesungen und Seminaren bedient hatte. Sie zeigten die Art der Bindung (Valenz) zwischen den Atomen eines Moleküls und deren räumliche Anordnung (Struktur) zueinander.

Der 2. Band, der vollständig erst 1866 erschien, sollte u. a. die mehrwertigen organischen Säuren und die aromatischen Verbindungen enthalten. Hier nun befand sich Kekulé in Nöten. Das vorliegende Material war so wenig durchforscht und systematisiert,

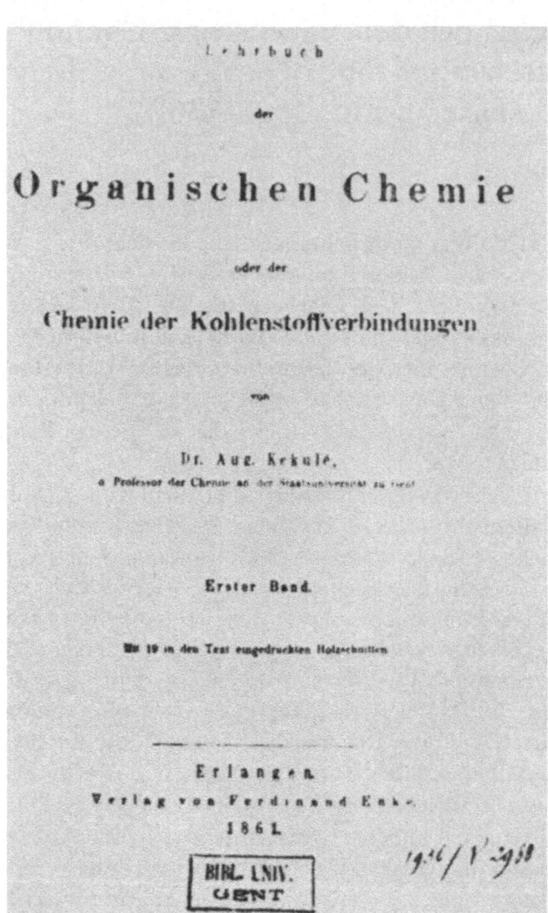
Lehrbuch

der

Organischen Chemie

oder der

Chemie der Kohlenstoffverbindungen

von

Dr. Aug. Kekulé,

o. Professor der Chemie an der Staatsuniversität zu Gent

Erster Band.

Mit 19 in den Text eingedruckten Holzschnitten

Erlangen.

Verlag von Ferdinand Enke.

1861.

6 Titelblatt des 1. Bandes des „Lehrbuches der Organischen Chemie oder der Chemie der Kohlenstoffverbindungen“ von Kekulé, 1861

viele publizierte Ergebnisse schwer deutbar, daß er sich entschloß, zur Klärung der Zusammenhänge eigene Forschungsarbeiten zu beginnen. Die Arbeit am Lehrbuch befruchtete also unmittelbar seine wissenschaftliche Arbeit.

Bevor aber seine neuen Erkenntnisse im Druck erschienen, brachte er sie in der Vorlesung und/oder in Disputen mit Fachkollegen vor, um so zu prüfen, ob sie einer objektiven Kritik standhielten. Erst nach dieser sorgfältigen Prüfung wurden Tatsachen und Zusammenhänge im Lehrbuch, aber oft auch in Veröffentlichungen zur Darstellung gebracht. Das ist ein Grund, weshalb bei Kekulé von der Idee bis zur Veröffentlichung von theoretischen Ansichten, aber auch experimentellen Ergebnissen, oft Monate, ja Jahre verstrichen.

Diese Arbeitsmethode wurde von ihm in einer solchen Weise kultiviert, daß sie von den meisten seiner Schüler übernommen und meist nur wenig modifiziert benutzt wurde. Es war eben eine Methode, die Erfolg versprach.

Hinzu kam aber eine Eigenart Kekulés, die kaum zu übernehmen oder zu kopieren war: bei allen seinen Vorträgen und Vorlesungen, aber auch im persönlichen Gespräch muß Kekulé von einer außergewöhnlichen Intensität der Diktion gewesen sein. Seine Darlegungen waren so eindringlich und faszinierend, daß er leicht zu überzeugen vermochte. Diese seine Sprache findet sich auch im geschriebenen und gedruckten Wort wieder.

Mehrwertige organische Säuren

Zunächst also galt es für ihn, Ordnung in die vielen neuentdeckten und oft nicht klar beschriebenen mehrwertigen organischen Säuren zu bringen. Die ersten zwei Arbeiten dazu erschienen bereits vor dem Karlsruher Kongreß, eine weitere ebenfalls noch im Jahre 1860. Insgesamt erschienen in den Jahren von 1860 bis 1862 15 Veröffentlichungen über organische Säuren aus der Feder Kekulés und seiner Mitarbeiter!

In diesen Abhandlungen wurden z. B. auch experimentelle Ergebnisse von Untersuchungen an solchen Säuren mitgeteilt, bei denen zur damaligen Zeit ein ziemlicher Wirrwar der Ansichten herrschen mußte, da man zwar schon gelernt hatte, isomere Verbindungen, nicht aber stereoisomere Verbindungen zu unterscheiden. Dazu zählten die Bernstein-, Wein- und Äpfelsäure, Fumar- und Maleinsäure. Diese Arbeiten wurden später weiter fortgesetzt, wobei auch aromatische Karbon- und Sulfonsäuren in die Arbeiten mit einbezogen wurden. Die letzte Arbeit Kekulés, die einer organischen Säure galt, wurde im Jahre 1884 publiziert. Mehr als 50 Arbeiten Kekulés, also rund ein Drittel aller seiner wissenschaftlichen Veröffentlichungen, befaßten sich mit organischen Säuren. Die Jahre 1860 bis 62 waren dabei die fruchtbarsten. Während dieser angestrengten experimentellen Arbeitsperiode saß Kekulé am späten Abend oft allein vorm Kaminfeuer in seinem Arbeitszimmer und durchdachte die getane und die noch zu erbringende Arbeit. An einem dieser Abende – es muß Ende 1861 oder Anfang 1862 gewesen sein – hatte er erneut eine Vision, die von größter Bedeutung für die Chemie der Aromaten werden und Kekulés Ruhm endgültig befestigen sollte.

Eine Vision: die Benzolformel

Anläßlich des „Benzolfestes", das auf Einladung der Deutschen Chemischen Gesellschaft zu Berlin am 11. März 1890 im Berliner Rathaus stattfand, und das dem 25. Jahrestag der Veröffentlichung von Kekulés Benzolformel gewidmet war, äußerte sich Kekulé wie folgt:

Man hat gesagt: die Benzoltheorie sei wie ein Meteor am Himmel erschienen, sie sei absolut neu und unvermittelt gekommen. Meine Herren! So denkt der menschliche Geist nicht. Etwas absolut Neues ist noch niemals gedacht worden, sicher nicht in der Chemie. Wer, wie ich, von Jugend auf die Geschichte der Entwicklung seiner Wissenschaft mit Liebhaberei studiert, und dann später, wie es dem Alter ziemt, sich in neue gründlichere Studien der Klassiker vertieft hat, der kann versichern, keine Wissenschaft hat sich so stetig entwickelt wie die Chemie. [. . .] Man hat gesagt, die Benzoltheorie sei, gewappnet wie Pallas Athene, dem Haupt eines chemischen Zeus entsprungen. Das mag vielleicht so ausgesehen haben, aber selbst wenn es so aussah, so war es nicht so. Ich bin in der Lage, Ihnen in dieser Hinsicht einige Aufklärung geben zu können. [. . .]
Vielleicht ist es für Sie von Interesse, wenn ich, durch höchst indiskrete Mitteilungen aus meinem geistigen Leben, Ihnen darlege, wie ich zu einzelnen meiner Gedanken gekommen bin. [. . .] Während meines Aufenthaltes in Gent in Belgien bewohnte ich elegante Junggesellen-Zimmer in der Hauptstraße. Mein Arbeitszimmer aber lag nach einer engen Seitengasse und hatte während des Tages kein Licht. Für den Chemiker, der die Tagesstunden im Laboratorium verbringt, war dies kein Nachteil. Da saß ich und schrieb an meinem Lehrbuch; aber es ging nicht recht; mein Geist war bei anderen Dingen. Ich drehte den Stuhl nach dem Kamin und versank in Halbschlaf. Wieder gaukelten die Atome vor meinen Augen. Klei-

nere Gruppen hielten sich diesmal bescheiden im Hintergrund. Mein geistiges Auge, durch wiederholte Gesichte ähnlicher Art geschärft, unterschied jetzt größere Gebilde von mannigfacher Gestaltung. Lange Reihen, vielfach dichter zusammengefügt; Alles in Bewegung, schlangenartig sich windend und drehend. Und siehe, was war das? Eine der Schlangen erfaßte den eigenen Schwanz, und höhnisch wirbelte das Gebilde vor meinen Augen. Wie durch einen Blitzstrahl erwachte ich; auch diesmal verbrachte ich den Rest der Nacht, um die Konsequenzen der Hypothese auszuarbeiten.

Lernen wir träumen, meine Herren, dann finden wir vielleicht die Wahrheit:

„Und wer nicht denkt,
Dem wird sie geschenkt,
Er hat sie ohne Sorgen" –

aber hüten wir uns, unsere Träume zu veröffentlichen, ehe sie durch den wachenden Verstand geprüft worden sind. [...]

Wir hören, jetzt von Liebig, daß es die Keime von Ideen sind, die [...] die Atmosphäre erfüllen. Warum fanden nun die vor 25 Jahren umherschwirrenden Keime der Struktur- und Benzol-Idee gerade in meinem Kopf den für ihre Entwicklung geeigneten Nährboden? Ich muß Sie wieder mit Mitteilungen aus meinem Leben belästigen.

Auf dem Gymnasium meiner Vaterstadt hatte ich mich namentlich in Mathematik und in der Kunst des Zeichnens hervorgetan. Mein Vater, mit berühmten Architekten enge befreundet, bestimmte mich für das Studium der Architektur. [...] Ich bezog also die Universität [...] und betrieb [...] mit anerkennenswertem Fleiß Deskriptivgeometrie, Perspektive, Schattenlehre, Steinschnitt und andere schöne Dinge. Aber Liebigs Vorlesungen verführten mich zur Chemie, und ich beschloß umzusatteln. [13, S. 939 f.]

Kekulé wies in seiner Ansprache dann weiter darauf hin, daß er ursprünglich Schüler Liebigs war. Während seines Aufenthaltes in Paris und London wurde er Schüler von Dumas, Gerhardt und Williamson, d. h., er gehörte keiner Schule mehr an. Diesen Umstand und seine architektonischen Studien machte er für sein Bedürfnis nach Anschaulichkeit verantwortlich. Er sagte dann weiter:

Der Mensch ist eben ein Ausdruck der Verhältnisse, in denen er groß geworden; ein besonderes Verdienst erwächst ihm daraus nicht.

Darf ich für jüngere Fachgenossen eine Lehre anknüpfen? Machen Sie sich frei vom Geist der Schule, dann werden Sie fähig sein, Eigenes zu leisten. Bedenken Sie dabei, daß es Mephisto war, der dem Schüler den Rat gab:

Am besten ist's auch hier,
Wenn ihr nur Einen hört
Und auf des Meisters Worte schwört.

Nur ein Verdienst glaube ich selbst mir zusprechen zu können. Ich habe getreulich den Rat befolgt, den Altmeister Liebig dem jungen Anfänger gab. „Wenn Sie Chemiker werden wollen [...], so müssen Sie sich Ihre

Gesundheit ruinieren; wer sich nicht durch Studieren die Gesundheit ruiniert, bringt es heutzutage in der Chemie zu nichts." Das war vor 40 Jahren. Ob es wohl heute noch gilt? ... Während vieler Jahre waren mir 4 und selbst 3 Stunden Schlaf genug. ... Damals hatte ich mir einen Schatz von Kenntnissen erworben, der meine Freunde zu der Ansicht veranlaßte: ich sei zuverlässiger als der Jahresbericht. Die schönen Tage sind längst vorüber. Von den verschiedenen Fähigkeiten des Geistes erlischt die Phantasie am ersten; ihr folgt bald, aber glücklicherweise langsam, das Gedächtnis; am längsten erhält sich die Kritik; aber auch sie befähigt zu wertvollen Leistungen, vorausgesetzt, daß sie auf der breiten Basis solider, durch gründlichen Fleiß erworbener Kenntnisse beruht. Soll ich auch hier eine Nutzanwendung machen? Ich könnte den jüngeren Fachkollegen nur raten, in der Jugend fleißig zu sein.
Mit Schnellzügen macht man keine Forschungsreisen, und durch das Studium selbst der besten Lehrbücher wird man nicht zum Entdecker [13, S. 944 f.]

Kekulés „Visionen" sind von verschiedenen seiner Schüler und Fachkollegen, durchaus in wohlmeinender Absicht, in oft sehr eigenartiger Weise interpretiert worden. Das gilt in ganz besonderem Maße für Kekulés Schüler, langjährigen Mitarbeiter, Nachfolger auf dem Bonner Lehrstuhl und seinen Biographen, Richard Anschütz. Anschütz glaubte, die Auffindung der Benzolformel, des Benzolrings, sei Kekulé durch die Affäre Görlitz-Stauff, in der ja der Platin-Gold-Ring mit den Schlangen eine wichtige Rolle gespielt hatte, zugefallen. Dieser Auffassung muß insofern widersprochen werden, als das Symbol des Ouroboros, des Schwanzfressers, das den Kreislauf des Werdens und Vergehens im All vergegenständlichen soll, seit langem bekannt war.
Dies ist aber nur eine Seite der Angelegenheit. Die andere bezieht sich auf die Rolle der Phantasie im Schaffensprozeß von Forschern, Erfindern und Entdeckern. Kekulé hat selbst in seiner Rede auf dem „Benzolfest" eine Antwort darauf gegeben. Ein Forscher, der sich ständig geistig mit bestimmten Problemen auseinanderzusetzen hat, tut dies ständig, also auch im Schlaf und Halbschlaf. Bis in die heutige Zeit hinein haben sich Wissenschaftler mit diesem Phänomen beschäftigt. So schreibt Karl Hecht dazu:

Vieles deutet darauf hin, daß das psychische Leben im Traum eine Reproduktion des produktiven Lebens am Tage ist. Der Träumer soll sich so abreagieren und sich von vielleicht unangenehmen Erlebnissen befreien. Heute wissen wir, daß der Traum die Probleme, die die Persönlichkeit hat, widerspiegeln. Die Grundlage hierfür sind Gedächtnisinhalte, das heißt konkrete

Erfahrungen, die das Individuum im Laufe seines Lebens gesammelt hat... Die Persönlichkeit äußert sich im Traum völlig frei, ohne Rücksicht auf sozial-ethische Beschränkungen. Die REM-Schlafphase, d. h. der Traumschlaf, ist bei allen Menschen vorhanden. Aber nicht alle Menschen können nach jeder Nacht von Traumerlebnissen berichten. Das hängt einfach damit zusammen, daß erstens zum Traumerlebnis ein bestimmter Wachheitsgrad vorhanden sein muß, damit die Informationen ins Bewußtsein gelangen, daß zweitens das Erinnerungsvermögen an Träume von der Fähigkeit eigener Selbstbeobachtung, vom Gedächtnis und der Phantasie des einzelnen abhängt, daß drittens mit zunehmendem Alter weniger geträumt wird.
Traumbilder können schwarz-weiß und farbig erlebt werden. Der Mensch kann in Fortsetzungen träumen. Das hängt mit der Wiederholung der REM-Schlafphasen zusammen.
Das Beschäftigen mit ungelösten Problemen während des Schlafes ist bei manchen Menschen sogar intensiver als am Tage. Es gibt Wissenschaftler und Künstler, die dies bewußt nutzen. Sie legen sich deshalb neben das Bett Bleistift und Papier, um die im Traum entstehenden Gedanken sofort aufschreiben zu können. So beschäftigte sich der Chemiker Kekulé (1829 bis 1896) mit der Ringstruktur des Benzolmoleküls [...] Er wußte, daß es sechs Kohlenstoffatome besitzt. Er hatte aber keine Vorstellung, wie diese miteinander verbunden sind. Während eines Traumes erlebte er, wie sich die sechs Kohlenstoffatome an den Händen nahmen und einen Reigen vollführten. Damit war die Idee der Ringstruktur des Benzolmoleküls geboren. [23, S. 13]

Bedeutung und Rolle der Phantasie in der Arbeit des Wissenschaftlers sind von der marxistischen Psychologie sorgfältig untersucht worden. Der Stellenwert der Phantasie wird dabei hoch bewertet. Es ist hier nicht der Platz, darauf weiter einzugehen. Nur so viel sei gesagt: „Visionen“ à la Kekulé sind normale Erfassungen des Wesentlichen von Sachverhalten, mit denen sich der „Betroffene“ in seiner Arbeit beschäftigt oder zu beschäftigen hat.
Kekulés realistische Einschätzung, wieso gerade ihm die Benzolformel „erschienen“ ist, unterscheidet sich wohltuend von allen späteren Versuchen, dem Romantiker der Chemie Umgang mit Übersinnlichem zu bescheinigen.

Glück und Leid (1862–1864)

Kekulé heiratet

Durch die hervorragende Stellung, die sich Kekulé in kurzer Zeit in Gent erworben hatte, kam er zwangsläufig in Kontakt mit den ersten Familien der Stadt. Er, der bis tief in die Nacht zu arbeiten pflegte, um sein Lehrbuch voranzubringen, wurde aber auf Gesellschaften gern gesehen. Seine muntere, fröhliche Art zu plaudern, sein Wissen und Können, sein Charme haben sicher manche Familie veranlaßt, ihn zu geselligen Abenden einzuladen.
So wurde er auch immer öfter als Gast in der Familie des Engländers George William Drory gesehen, der, von Beruf Gasingenieur, die Genter Gasfabrik leitete und später als Generalinspektor der Aktiengesellschaft, der u. a. auch diese Fabrik gehörte, für den Kontinent wirkte.
Drory war mit Stephanie van Aken, einer Dame aus altflämischem Geschlecht verheiratet und glücklicher Vater von fünf Töchtern, von denen einige zu Beginn der 60er Jahre bereits verheiratet waren.
Drorys Gesellschaftsabende wurden von vielen angesehenen Genter Familien besucht. Sie fanden sowohl in der Stadt als auch auf Drorys Landsitz Meirelbeke statt. Die zweitjüngste Tochter Drorys, Stephanie, fesselte Kekulé bald in immer stärkerem Maße, so daß er sich Anfang April 1862 mit ihr verlobte, und am 24. Juni 1862 fand die Hochzeit statt.
Kekulés Schwiegervater war ein überaus gebildeter und vielseitig interessierter Mann. Noch kurz vor seinem Tode wählte ihn die Royal Society in London zu ihrem Mitglied.
Ein Schwager seines Schwiegervaters und seine neuen Schwager spielten im politischen Leben Belgiens bedeutende Rollen. Sie waren in Politik, Diplomatie, Wirtschaft und Wissenschaft aktiv tätig. Ihre politischen Positionen waren für damalige Verhältnisse progressiv.
Die Hochzeitsreise führte das junge Paar in die Schweiz. Im Herbst besuchten sie die Londoner Weltausstellung, wo sie von manchem seiner deutschen Freunde gesehen wurden. Diese wuß-

7 Kekulé 1862

ten die Erscheinung des jungen Paars nicht genug zu rühmen. Der glückliche Kekulé und seine bezaubernde Ehefrau verzauberten seine Freunde.

Kekulés Heirat hatte auch für seine Arbeit und damit für seine Mitarbeiter Konsequenzen. Er glaubte, daß er sich nun mehr seiner Frau und der Einrichtung seines Heimes und weniger der Wissenschaft widmen müsse. Deshalb entließ er seinen Privatassistenten Eduard Linnemann, der nach dem Karlsruher Kongreß von Frankfurt/Main nach Gent zu Kekulé gekommen war, Ende Juni 1862 und empfahl ihn Liebig, Roscoe, Weltzien und Pebal aufs angelegentlichste.

Linnemann ging zunächst nach Karlsruhe, wo ja Weltzien wirkte, um kurz darauf zum Professor für Chemie in Lemberg (dem heutigen Lwow), später in Brünn und Prag, sicher auf Fürsprache Pebals hin, berufen zu werden.

Kekulé verlor mit ihm einen begabten, wenn auch eigenwilligen Mitarbeiter, mit dem er über die Einwirkung von Iod auf organische Schwefelverbindungen gearbeitet hatte. Auch diese Arbeiten waren durch die Bearbeitung des entsprechenden Abschnittes in seinem Lehrbuch notwendig geworden. Ihre Ergebnisse führten dazu, daß gewissen schwefelorganischen Verbindungen, die mit der Thiacetsäure verwandt waren, endlich Formeln zugeordnet werden konnten. Linnemann war auch an Kekulés Untersuchungen über organische Säuren und damit am Fortgang der Arbeiten am Lehrbuch entscheidend beteiligt.

Stephan wird geboren; Stephanie stirbt

Kekulés wissenschaftliche Arbeit kam natürlich nicht zum Erliegen. Wie er es gewohnt war, verfolgte er sorgfältig die chemische Fachliteratur. Dadurch wurde er veranlaßt, gegen eine Veröffentlichung Kolbes aufzutreten. Kolbes Abhandlung war am 11. Februar 1863 in Liebigs Annalen erschienen. Kekulés Antwort trägt das Datum vom 14. Februar. Sie erschien gleich danach in der gleichen Zeitschrift [14]. Es ist Kekulés einzige wissenschaftliche Veröffentlichung in diesem Jahr. Da in ihr die ironische Art und Weise, die Kekulé auszeichnete, besonders gut zur Geltung kommt, seien einige Passagen aufgeführt:

Die [...] Abhandlung von Kolbe enthält zwei Irrtümer, die nicht mit Stillschweigen übergangen werden können.
Erster Irrtum. – Kolbe berechnet aus einer von Wöhler 1841 veröffentlichten Analyse der Silberverbindung des Paramids die prozentische Zusammensetzung; er sagt in einer Anmerkung: „In der Originalabhandlung Wöhlers sind irrtümlich 51.22 pC. Kohlenstoff (statt 22,7 pC.) und 1,81 pC. Wasserstoff (statt 0,8 pC.) aus den Daten der Analyse berechnet."
Ein Irrtum von Seiten Wöhlers wäre schwer verständlich. [...]
Zweiter Irrtum. – Kolbe hat eine wunderbare Analogie des Paramids mit dem Oxamid entdeckt. Er sagt: „Das Paramid ist das eigentliche Amid der Mellithsäure und steht zu dieser in gleicher Beziehung, wie das Oxamid zur Oxalsäure." ...
Die Analogie ist auffallend, aber leider ist die Formel des Oxamids unrichtig. Es heißt dann weiter: „Beim Erhitzen mit Wasser verwandelt sich das Paramid bekanntlich in saures mellithsaures Ammoniak, gerade so wie das Oxamid saures Ammoniak liefert". [...]
Hier verdient zwar die Konsequenz der Argumentation Anerkennung, aber das Oxamid wird sich dadurch wohl schwerlich veranlaßt finden, sein seitheriges Verhalten abzuändern.
Daß bei der richtigen Formel des Oxamids die von Kolbe am Schluß [...]

ausgesprochene Vermutung nicht viel Wahrscheinlichkeit hat, versteht sich wohl von selbst. [14]

Am 1. Mai 1863 gebar Stephanie zu früh einen Sohn, der den Namen Stephan erhielt. Die gesunde junge Frau überstand diese Geburt nicht und starb am 3. Mai im Alter von 20 Jahren.
Für Kekulé war das ein harter Schlag, den er wohl sein Leben lang nicht verwunden hat. Er sorgte sich sehr umsichtig um sein kleines Söhnchen und hat ihm stets gute Pflege und Erziehung angedeihen lassen.
Den Brüsseler Maler De Winne beauftragte er, ein Bild seiner verstorbenen Gattin zu malen, das ihre freundlich-liebevolle Art gut zum Ausdruck bringt.
Durch seinen Sohn war Kekulé ganz an Gent gebunden, konnte zwar in seinem nunmehrigen großen Verwandten- und Freundeskreis aus- und eingehen, aber keinerlei Reisen, die auch seiner Zerstreuung hätten dienen können, unternehmen.

Und wieder: organische Säuren

Bald brachte er seine wissenschaftlichen Arbeiten wieder in Gang, und schon Ende 1863 lagen so viele wissenschaftliche Ergebnisse vor, daß 1864 fünf weitere Veröffentlichungen von ihm über organische Säuren und eine Arbeit „Über die Atomizität der Elemente" erscheinen konnten.
Liebig, dem Kekulé über seine Ergebnisse berichtet hatte, schrieb ihm am 28. Dezember 1863 von München aus:

Mein teurer Freund,
Ich danke Ihnen herzlich für [...] die höchst interessanten Mitteilungen über Ihre neuesten Arbeiten. Die Entdeckungen, welche die heutige organische Chemie macht, sind wahrhaft wunderbar, und sie verwirklichen, was wir, Wöhler und ich, häufig als Träume miteinander besprochen. [...]
Wir wußten früher nicht, was es heißt, ein teures Glied der Familie zu verlieren, wir wissen es jetzt, und Sie können sich denken, wie tief wir mit Ihnen fühlen. Ich habe in der Arbeit den einzigen und besten Trost gefunden, den uns bei einem solchen Verluste Niemand sonst geben kann. [...]
Bei dem Wechsel der chemischen Lehrstellen wird [...] sicherlich eine frei, die Ihnen zusagt; ich kann mir recht wohl denken, daß Ihnen wieder wohl werden wird, wenn Sie wieder in Deutschland sind, und soviel an mir liegt, werde ich nichts versäumen [...]
Aufrichtigst ganz der Ihrige J. v. Liebig [2, S. 238]

Im Jahre 1864 nahm auch Kekulés Schüler, Assistent und späterer Nachfolger Théodore Swarts wissenschaftliche Arbeiten über organische Säuren auf, die, wie fast alle Arbeiten aus Kekulés Genter Zeit, zunächst im Bulletin der Königlich-Belgischen Akademie veröffentlicht wurden. Dazu war es nötig, daß ein Mitglied der Akademie die Berichterstattung übernahm. Für Kekulés Arbeiten pflegte Stas zu berichten. Doch wurde am 15. Dezember 1864 Kekulé selbst zum Assoziierten Mitglied der Klasse der Wissenschaften – auf Stas' Veranlassung – gewählt, so daß er von nun an die Berichterstattung vor der Akademie selbst übernehmen konnte.

8 Gruppenbild 1864 in Gent, Kekulé inmitten seiner Mitarbeiter

Die Lückentheorie

Bei den Arbeiten über organische Säuren sah sich Kekulé gezwungen, neue Ansichten über deren Struktur zu entwickeln. Die heute allgemein bekannten Erscheinungen der Stereochemie, insbesondere solche bei Verbindungen mit C-C-Doppelbindungen, waren ja damals noch nicht bekannt.
Um seine experimentellen Ergebnisse erklären zu können, nahm Kekulé an, daß zwischen gewissen Kohlenstoffatomen „Lücken" bestünden. Damit wollte er andeuten, daß es sich um keine „normalen" C-C-Bindungen handele.
Swarts suchte ebenfalls die Isomerie der von ihm bearbeiteten Säuren durch Strukturformeln zu erklären, indem er „Lücken" annahm, d. h. Kohlenstoffatome, die zwei ungesättigte Affinitäten haben.
Vor der Königlich-Belgischen Akademie schlug Kekulé in seinem und Swarts Namen Formeln mit „Lücken" vor. Der Maleinsäure wurde ein Lückenkohlenstoff zugeordnet, der Fumarsäure eine C-C-Doppelbindung.
Die Lückentheorie Kekulés bildete längere Zeit hindurch die Grundlage für die Erklärung der Isomerie von ungesättigten Dikarbonsäuren. Es stellte sich jedoch bald heraus, daß bei den von Kekulé und Swarts bearbeiteten Säuren auch Kettenverzweigungen im Spiel waren. Diesem Problem kamen sie erst später bei.

Über die Atomigkeit

1864 veröffentlichte Alfred Naquet, zu dieser Zeit Professor an der medizinischen Fakultät der Sorbonne in Paris, ein Mediziner, der sich vor allem chemischen Untersuchungen widmete, eine Arbeit „Über die Atomigkeit des Sauerstoffs, des Schwefels, des Selens und Tellurs", in der er diese Elemente nicht nur als zwei-, sondern auch als vieratomig annahm. Da Kekulé bis zu diesem Zeitpunkt und auch noch lange danach der Meinung war, jedem Element könne nur eine Atomigkeit (Wertigkeit) zugeordnet werden, hielt er die Gelegenheit für günstig, die Grundlage seiner Lehre von der Atomigkeit erneut darzulegen. Dies sollte ihm noch manchen Spott einbringen.
In seiner Publikation „Über die Atomigkeit der Elemente" be-

merkt Kekulé einleitend, daß mehrere in jüngster Zeit veröffentlichte Abhandlungen eine gewisse Verwirrung in die Theorie der Atomigkeit hineinzutragen scheinen. Er schreibt dann weiter:

Ich halte mich um so mehr für verpflichtet, mich an den Debatten zu beteiligen, als ich, wenn ich mich nicht täusche, derjenige bin, welcher den Begriff der Atomigkeit der Elemente eingeführt hat. [...]
Es ist schon seit langer Zeit bekannt, daß die elementaren Körper sich nach dem Gesetz der konstanten und dem der multiplen Proportionen vereinigen. Das erste dieser Gesetze findet durch die Daltonsche Atomtheorie eine vollkommene Erklärung, das zweite jedoch erklärt sich durch diese Theorie nur in allgemeiner und ziemlich unbestimmter Weise. Was die Daltonsche Atomtheorie nicht erklärt, ist die Frage, *warum* die Atome der verschiedenen Elemente sich in gewissen Verhältnissen lieber verbinden als in anderen [Hervorhebung durch W. G.]. Ich glaube das Ganze [...] durch das, was ich die Atomigkeit der Elemente nannte, erklären zu können.
Die Theorie der Atomigkeit ist also eine Modifikation, welche ich glaubte der Theorie Daltons hinzufügen zu können, und man sieht so ein, daß nach meiner Anschauungsweise die Atomigkeit eine Fundamentaleigenschaft des Atoms ist, welche ebenso konstant und unveränderlich ist, als das Atomgewicht selbst.
Es hieße sich des Wortes in einem durchaus abweichenden Sinn von dem bedienen, welchen ich ihm beilegte, als ich es vorschlug, wenn man annehmen wollte, daß die Atomizität variabel sei und ein und derselbe Körper bald mit der einen, bald mit einer anderen Atomizität funktionieren könne. Das hieße, den Begriff Atomizität mit dem der Äquivalenz verwechseln. [...] Das Äquivalent kann variieren, aber die Atomigkeit nicht: Im Gegenteil muß sich die Verschiedenheit der Äquivalente aus der Atomigkeit erklären.
Eine zweite Verwirrung rührt von der Definition her, welche man von der Atomigkeit geben wollte. Statt unter den verschiedenen möglichen Werten den zu wählen, der am besten, d. h. am einfachsten und vollständigsten alle Verbindungen erläutert, glaubte man die Atomizität als das größte Äquivalent oder das Maximum des Sättigungsvermögens definieren zu können. [2, S. 257 f.]

Viele prominente Chemiker stellten sich – mit Recht – gegen diese Ausführungen Kekulés, und es gab über die nächsten Jahre hinweg eine ständige publizistische Auseinandersetzung zwischen Kekulé, der seine Ansichten verteidigte, und den Anhängern der Vorstellung, daß ein- und dasselbe Element (z. B. Schwefel, Selen und Tellur, Stickstoff, Arsen, Antimon und Wismut) mehrere Wertigkeiten besitzen kann.
Der Streit beendete sich gewissermaßen von selbst, da in diesem Fall die Erkenntnisse anderer Chemiker dafür sorgten, daß die Entwicklung Kekulés Ansichten hinter sich ließ.

Die Benzolformel und der Kampf um ihre Durchsetzung (1865–1869)

Kekulés neue Mitarbeiter

Zu Beginn des Jahres 1865 verfügte Kekulé über einen Mitarbeiterkreis, der es ihm gestattete, in großem Umfange neue experimentelle Arbeiten in Angriff zu nehmen. Sein neuer Privatassistent war Carl Glaser, der auf Empfehlung Adolf Streckers von Kekulé eingestellt worden war.

Zur gleichen Zeit arbeiteten in Kekulés Laboratorium u. a. später sehr bekannt gewordene Chemiker wie Th. Swarts, Wilhelm Körner und Albert Ladenburg, später auch James Dewar und Heinrich Brunck.

Körner wurde von Kekulé zur Mitarbeit an seinem Lehrbuch herangezogen. Er bearbeitete den Abschnitt „Campherarten und Terpene". Von Körner ließ sich Kekulé auch in die Infinitesimalrechnung einführen, die er noch nicht kannte.

Dem Abschnitt „Campherarten und Terpene" sollten die „Aromatischen Substanzen" folgen. Aber noch fehlten dazu einige Grundlagen. Eine Arbeit von Bernhard Tollens und Rudolf Fittig über die „Synthese der Kohlenwasserstoffe der Benzolreihe", im Jahre 1864 veröffentlicht, ermutigte Kekulé, seine Gedanken zur Konstitution des Benzols nunmehr zu veröffentlichen. Er wählte dazu die Berichte der französischen chemischen Gesellschaft, deren Mitglied er seit 1861 war. Am 27. Januar 1865 trug Wurtz unter dem Vorsitz von Pasteur Kekulés Arbeit „Über die Konstitution der aromatischen Substanzen" der Gesellschaft vor, die kurz danach in den erwähnten Berichten erschien. [14, S. 371–383]

Die Arbeit wurde sofort in ihrer Bedeutung erkannt. Kaum lag die Arbeit in französischer Sprache vor, verfaßte Fittig ein Referat dazu, das in der Zeitschrift für Chemie erschien. Dieses veranlaßte Kekulé, umgehend eine ergänzende Bemerkung zu dieser Notiz in der gleichen Zeitschrift zu veröffentlichen.

Erst im Februar 1866 erschien Kekulés Arbeit in deutscher Sprache in Liebigs Annalen, allerdings bereits ergänzt durch gemeinsam mit Glaser durchgeführte experimentelle Arbeiten, die der Prüfung der Theorie galten. [13, S. 401–453]

Beide Arbeiten, die im Original in französischer Sprache erschienene und die ergänzte des Jahres 1866, in deutscher Sprache veröffentlichte, sollen im folgenden gemeinsam behandelt werden. Es sei aber noch bemerkt, daß im Jahre 1865 aus Kekulés Laboratorium insgesamt 12 Mitteilungen über wissenschaftliche Ergebnisse erschienen, die sich z. T. mit Synthesen in der Reihe der aromatischen Substanzen befaßten. Mitautoren waren Swarts, Körner und Wichelhaus.

Die Benzoltheorie

Kekulé begann seine Veröffentlichung der Benzoltheorie, indem er direkt an seine berühmte Arbeit „Über die Konstitution und die Metamorphosen der organischen Verbindungen und über die chemische Natur des Kohlenstoffs" [6] anknüpfte. Er schrieb:

Wenn man sich von der atomistischen Konstitution der aromatischen Verbindungen Rechenschaft geben will, so muß man zunächst wesentlich den folgenden Tatsachen Rechnung tragen:

1) Alle aromatischen Verbindungen, selbst die einfachsten, sind an Kohlenstoff verhältnismäßig reicher, als analoge Verbindungen aus der Klasse der Fettkörper.
2) Unter den aromatischen Verbindungen gibt es, ebenso wie unter den Fettkörpern, zahlreiche homologe Substanzen; d. h. solche, deren Zusammensetzungsdifferenz ausgedrückt werden kann durch: $n\,CH_2$.
3) Die einfachsten aromatischen Verbindungen enthalten mindestens sechs Atome Kohlenstoff.
4) Alle Umwandlungsprodukte aromatischer Substanzen zeigen eine gewisse Familienähnlichkeit, sie gehören sämtlich der Gruppe der „aromatischen Verbindungen" an. Bei tiefer eingreifenden Reaktionen wird zwar häufig ein Teil des Kohlenstoffs eliminiert, aber das Hauptprodukt enthält mindestens sechs Atome Kohlenstoff (Benzol, Chinon, Chloranil [. . .]). Die Zersetzung hält bei der Bildung dieser Produkte ein, wenn nicht vollständige Zerstörung der organischen Gruppe eintritt.

Diese Tatsachen berechtigen offenbar zu dem Schluß, daß in allen aromatischen Substanzen eine und dieselbe Atomgruppe, oder, wenn man will, ein gemeinschaftlicher Kern enthalten ist, der aus sechs Kohlenstoffatomen besteht. Innerhalb dieses Kerns sind die Kohlenstoffatome gewissermaßen in engerer Verbindung oder in dichterer Aneinanderlagerung. An diesen Kern können sich dann weitere Kohlenstoffatome anlagern, und zwar in derselben Weise und nach denselben Gesetzen, wie dies bei den Fettkörpern der Fall ist.

Man muß sich also zunächst von der atomistischen Konstitution dieses Kerns

Rechenschaft geben. Dies gelingt nun sehr leicht durch folgende Hypothese, die sich in so einfacher Weise aus der jetzt allgemein angenommenen Ansicht, der Kohlenstoff sei vieratomig, herleitet, daß eine ausführlichere Entwicklung kaum nötig ist.

Wenn sich mehrere Kohlenstoffatome miteinander verbinden, so kann dies zunächst so geschehen, daß sich *eine* Verwandtschaftseinheit des einen Atoms gegen *eine* Verwandtschaftseinheit des benachbarten Atoms bindet. So erklärt sich, wie ich früher gezeigt habe, die Homologie und überhaupt die Konstitution aller Fettkörper.

Man kann nun weiter annehmen, daß sich mehrere Kohlenstoffatome so aneinanderreihen, daß sie sich stets durch je zwei Verwandtschaftseinheiten binden; man kann ferner annehmen, die Bindung erfolge *abwechselnd* durch je *eine* und durch je *zwei* Verwandtschaftseinheiten. [...]

Nimmt man [...] an: sechs Kohlenstoffatome seien nach diesem Symmetriegesetz aneinandergereiht, so erhält man eine Gruppe, die, wenn man sie als *offene* Kette betrachtet, noch *acht* nicht gesättigte Verwandtschaftseinheiten enthält. [...] Macht man dann die weitere Annahme, die zwei Kohlenstoffatome, welche die Kette schließen, seien untereinander durch je eine Verwandtschaftseinheit gebunden, so hat man eine *geschlossene Kette* [...], die noch *sechs* freie Verwandtschaftseinheiten enthält.

Von dieser *geschlossenen* Kette nun leiten sich alle Substanzen ab, die man gewöhnlich als „aromatische Verbindungen" bezeichnet. [...]

In allen aromatischen Substanzen kann also ein gemeinschaftlicher Kern angenommen werden; es ist dies die geschlossene Kette: C_6A_6 (worin A eine nicht gesättigte Affinität oder Verwandtschaftseinheit bezeichnet).

Die sechs Verwandtschaftseinheiten dieses Kerns können durch sechs einatomige Elemente gesättigt werden. Sie können sich ferner, alle oder wenigstens zum Teil, durch je eine Affinität mehratomiger Elemente sättigen: diese letzteren müssen aber dann notwendigerweise andere Atome mit in die Verbindung einführen und so eine oder mehrere *Seitenketten* erzeugen, welche sich ihrerseits durch Anlagerung anderer Atome noch verlängern können. [13, S. 403–406]

Kekulé wies nun an Hand einer Fülle von aromatischen Verbindungen die Berechtigung seiner Annahmen nach, wobei er alle Wasserstoffatome des Benzols C_6H_6, der einfachsten aromatischen Verbindung, als gleichwertig annahm. Dabei leisteten ihm die inzwischen erschienenen Arbeiten seiner Mitarbeiter und anderer Chemiker gute Dienste bei seiner Beweisführung. Bei der Darstellung der Homologen des Benzols gaben ihm Fittigs Arbeiten Unterstützung, was er ausdrücklich hervorhob. Er erkannte auch bereits, daß di-, tri- und tetrasubstituierte Benzole in je drei Modifikationen, wie er es nannte, auftreten können, was auch in Übereinstimmung mit den experimentellen Befunden stand. Auch daß bestimmte Substitutionen, wie z. B. die Nitrierung, bevorzugt am Kern, andere bevorzugt an der Seitenkette ablaufen, wies er an Hand von Beispielen nach.

Die nun plötzlich klar gewordenen Zusammenhänge aromatischer Verbindungen nutzte Kekulé, um zu zeigen, welche Reaktionen möglich sein sollten, um die eine Verbindung in eine bestimmte andere überführen zu können. Viele seiner Gedanken fielen schon bald auf fruchtbaren Boden; mißlungene Versuche wurden sorgfältig studiert, um die Ursachen für den Mißerfolg zu suchen: falsche Versuchsdurchführung oder noch unzureichende theoretische Klarheit.

Homologe Reihen wurden von ihm ebenso durchforscht, und das eben noch undurchdringliche Gestrüpp der Aromaten erwies sich nunmehr als wohlgeordnet. Der Analogie zwischen Fettkörpern und bestimmten aromatischen Verbindungen schenkte er ebenfalls seine Aufmerksamkeit.

Im Abschnitt II. seiner Abhandlung, der die Überschrift „Substitutionsprodukte des Benzols" trug, stellte er sich selbst eine Frage:

> ... sind die sechs Wasserstoffatome des Benzols gleichwertig, oder spielen sie vielleicht, veranlaßt durch ihre Stellung, ungleiche Rollen?
> Man versteht leicht die große Tragweite dieser Frage. Wenn die sechs Wasserstoffatome des Benzols, oder die von ihnen eingenommenen Plätze, völlig gleichwertig sind, so kann die Ursache der Verschiedenheit aller isomerer Modifkationen, die man für viele Substitutionsderivate des Benzols beobachtet hat und noch beobachten wird, nur in der Verschiedenheit der *relativen* Stellung gesucht werden, welche Elemente oder Seitenketten einnehmen, die den Wasserstoff des Benzols ersetzen. Sind die sechs Wasserstoffatome des Benzols dagegen nicht gleichwertig, so finden diese Isomerien zum Teil vielleicht ihre Erklärung in der Verschiedenheit der *absoluten* Stellung jener den Wasserstoff ersetzenden Elemente oder Seitenketten. [13, S. 423 f.]

Für den ersteren Fall schlägt Kekulé vor, das Benzol durch ein Sechseck darzustellen, dessen sechs Ecken durch Wasserstoffatome gebildet sind. (Abb. 9, Nr. 1)

Diese Version hat sich schließlich als die richtige erwiesen; 1869 bewiesen Körner und Ladenburg, also zwei Schüler Kekulés, unabhängig voneinander die Gleichwertigkeit der sechs Wasserstoffatome des Benzols experimentell, nachdem Körner schon 1867, also noch während seiner Assistenz bei Kekulé, Gedanken entwickelt hatte, wie mit Hilfe des Experimentes der chemische Ort von Substituenten festgestellt werden kann. Ein endgültiges Fazit

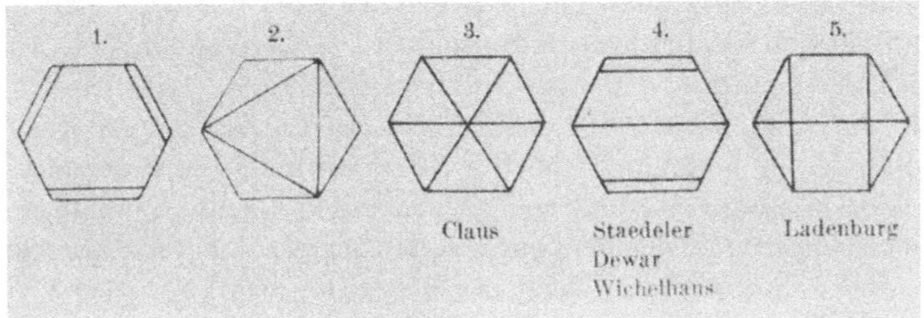

9 Die Benzolformeln (links die von Kekulé vorgeschlagene)

dieser seiner Entdeckung gab Körner in seiner 1874 veröffentlichten Arbeit.
Bis 1869 wurden von verschiedenen Forschern weitere Alternativformeln für das Benzol entwickelt (Abb. 9, Nr. 2–5); auch Kolbe fügte eine mit dem Schema 3 identische hinzu. Auffallend ist auch hier, daß sich drei Kekulé-Schüler unter diesen „Neuerern" befinden. Von diesen Schemata hat das Ladenburgsche immer wieder, bis in unsere Zeit hinein, zu Diskussionen Anlaß gegeben, da manche organische Verbindung sich leichter mit dieser Formel darstellen läßt. Die übrigen gaben noch eine gewisse Zeit

10 Ersttagsbrief mit Sonderbriefmarke und Sonderstempel mit Bildnissen Kekulés und der Benzolformel, herausgegeben von der königlich-belgischen Post 1965 anläßlich des Jubiläums „100 Jahre Benzolformel"

zu Diskussionen Anlaß, um nach und nach als weniger nützlich angesehen zu werden. Der Benzolring nach Kekulé (Abb. 9, Nr. 1) blieb der einfachste rationelle Ausdruck für die Konstitution des Benzols. Anläßlich der 100. Wiederkehr der Entdeckung der Benzolformel im Jahre 1965 gab die Königlich-Belgische Post einen Ersttagsbriefumschlag und eine Gedenkmarke heraus. Zusammen mit einem Sonderstempel wurden auf ihnen drei verschiedene Porträts Kekulés und zweimal der Benzolring abgebildet.

Experimentelle Arbeiten zur Benzoltheorie

Im Jahre 1866 veröffentlichten Kekulé und seine Mitarbeiter acht Arbeiten, deren Gros dem Ausbau des Verständnisses der Verhältnisse bei verschieden substituierten Benzolderivaten galten. Dabei wurden neben Sulfonsäuren auch Azo- und Diazoverbindungen in die Untersuchungen einbezogen.

Im gleichen Jahr wurde Kekulé mit dem Belgischen Leopoldorden ausgezeichnet.

Das Jahr 1867 war Kekulés „Rekordjahr": nicht weniger als 18 Veröffentlichungen von ihm und seinen Mitarbeitern wurden publiziert. Dabei ging es um schwefelhaltige Phenole und andere aromatische Verbindungen. Auch Körners berühmte Arbeit über die chemische Ortsbestimmung am Benzolring war darunter.

Damit aber gingen die Arbeiten zu diesen Fragen in den Folgejahren immer mehr zurück, um bald Untersuchungen auf neuen Gebieten Platz zu machen.

Eine Arbeit aus dem Jahre 1867 verdient aber noch besonders erwähnt zu werden. In einer englischen Zeitschrift äußerte sich Kekulé „Über einige Punkte der chemischen Philosophie". Leider sind davon nur die Teile I und II erhalten geblieben, die Teile III und IV, in denen wiederum über die Konstanz der Atomigkeit und graphische und glyptische Formeln berichtet werden sollte, sind verloren gegangen. Nach allem, was vorliegt, wären wohl kaum neue Gedanken geäußert worden. Der Begriff der chemischen Philosophie verdient dennoch Aufmerksamkeit.

Dieser Begriff war von Kekulé übernommen worden. So hatte schon Dalton in den ersten drei Dezennien des 19. Jahrhunderts eine Arbeit „Ein neues System der Chemischen Philosophie" ver-

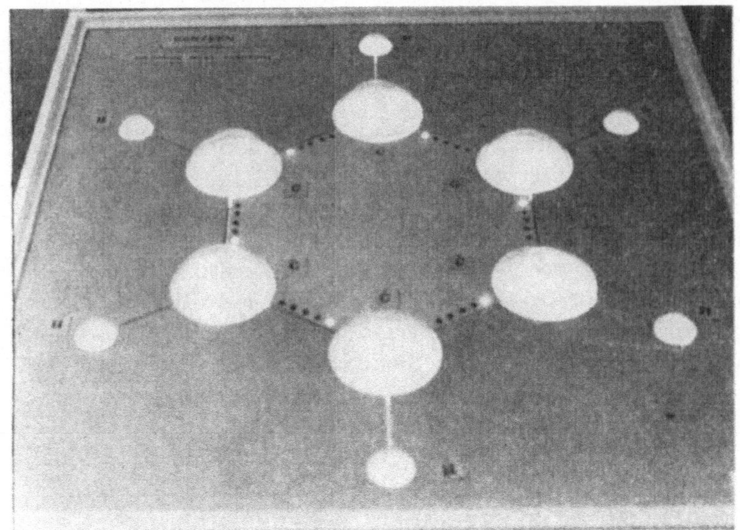

11 Alte Universität Gent: Demonstrationsmodell für die Benzolformel im Museum der Wissenschaften

öffentlicht, deren Überschrift bereits zeigt, daß eine Tradition „chemisch zu philosophieren“ fortgesetzt werden sollte. In seiner Arbeit diskutiert Kekulé die verschiedenen Ansichten seiner Zeit zur Theorie der Atomizität und benutzt die Gelegenheit, seine eigene Position darzulegen. Genau so war bisher von anderen Autoren verfahren worden. Die Benutzung des Terminus „Chemische Philosophie“ gestattete es, Vorstellungen, Ideen, Hypothesen usw. unverbindlicher darzustellen, als das in wissenschaftlichen Veröffentlichungen anderer Art möglich war.

Berufung an die Universität Bonn

Im Jahre 1863 war der Lehrstuhl für Chemie an der Universität Bonn vakant geworden.
August Wilhelm v. Hofmann hatte den Ruf nach Bonn erhalten und unter der Voraussetzung angenommen, daß ein großes chemisches Institut errichtet würde. Das wurde ihm seitens des preußischen Kultusministeriums zugesagt. Als aber durch den Tod

Mitscherlichs noch im gleichen Jahre auch der Berliner Lehrstuhl plötzlich zur Verfügung stand, wurde Hofmann vom Minister ersucht, den Berliner Ruf anzunehmen, wobei ihm auch dort ein Laboratoriumsneubau zugestanden wurde. So kam es, daß in Bonn und Berlin chemische Institute entstanden, die nach den Plänen Hofmanns ausgeführt wurden.

Der nun wieder freie Lehrstuhl in Bonn wurde daraufhin Kolbe angeboten. Der aber lehnte ab. Damit stiegen für Kekulé die Chancen, auf diesen Lehrstuhl berufen zu werden. Als man von preußischer Seite begann, mit Kekulé über einen Ruf nach Bonn zu verhandeln, befand er sich gerade auf der Pariser Weltausstellung. Hier war er, von der Königlich-Belgischen Regierung abgeordnet, als Jury-Mitglied tätig.

Vier Jahre lang also wurde Kekulés Geduld einer harten Prüfung unterzogen. In den Osterferien 1866 suchte Kekulé Baeyer, der jetzt in Berlin wirkte, auf, um sich mit den Berliner Verhältnissen und den dortigen Kollegen bekannt zu machen und um sich etwas in seiner Angelegenheit umzuhören. Am 20. Januar 1867 schreibt er in einem Brief an Baeyer u. a.:

> ...Ich habe mich so daran gewöhnt, diese schwebende Frage als fortwährend schwebend zu betrachten, daß ich nicht leicht in Aufregung zu bringen bin. Überdies halte ich meine Chancen durchaus nicht mehr für besonders groß, und mein Erstaunen würde nicht übermäßig sein, wenn ich eines schönen Tages hörte, die Zeitung enthalte die Nachricht, Kolbe oder selbst Limpricht haben angenommen. ...
> Abwarten und Tee trinken! Bier hat der Doktor verboten. Daß ich eine etwaige Berufung mehr, als ich es eingestanden, für Erlösung angesehen haben würde, ist vielleicht richtig. Man wird darüber in meinen zerstreuthinterlassenen Papieren Auskunft finden, wenn ich einst in Gent als verlorener Deutscher gestorben sein werde. [2, S. 368 f.]

In dieser Zeit ließ Kekulé seine Wohnung neu tapezieren, als ob er immer dortbleiben wollte.

Im Juni 1867 erhielt er den ersehnten Ruf nach Bonn und nahm ihn froh und stolz an. In eben diesem Jahr wurde die Deutsche Chemische Gesellschaft zu Berlin gegründet, deren erster Präsident A. W. Hofmann wurde.

Kekulé richtet sich in Bonn ein

In Bonn fand Kekulé eine Situation vor, die von ihm mit Geschick gemeistert wurde.

Mit Landolt, dem bereits die Mitbenutzung des neuen Instituts, wenn auch nicht offiziell, zugesagt worden war, einigte er sich so, daß Landolt sehr zufrieden sein konnte. Landolt wurde auf Grund der Vorschläge Kekulés an die zuständigen Stellen, die praktisch vollständig akzeptiert wurden, in seiner Stellung gehoben, indem Kekulé und Landolt gemeinsam als Direktoren fungierten. Die mehr als geräumige Dienstwohnung im neuen Institut wurde Kekulé zugesprochen, Landolt verfügte über eine kleine Dienstwohnung im Poppelsdorfer Schloß.

Beide trafen auch eine Übereinkunft über die Aufteilung der Einnahmen aus Honoraren.

Landolt nahm 1870 einen Ruf an die neugegründete Technische Hochschule Aachen an. Damit wurde Kekulé alleiniger Direktor des Bonner chemischen Instituts.

Kekulé, in dem sich noch immer der Architekt regte, bedauerte sehr, am neuen Institut sich nicht mehr als solcher versuchen zu können. Das Institut war aber von Hofmann und dem Universitätsarchitekten so vortrefflich und zweckmäßig konzipiert worden, daß es dem großen Studenten- und Mitarbeiterandrang, der bald einsetzen sollte, gewachsen war.

Kekulé bewies sein Talent als Innenarchitekt: Laboratorien und Sammlungsräume wurden nach seinen Zeichnungen eingerichtet. Im Sommersemester 1868 konnte im neuen Institut der Lehr-, und Forschungsbetrieb aufgenommen werden.

Kekulé weilte bereits seit Herbst 1867 in Bonn. Daß von ihm und seinen Mitarbeitern im Jahre 1868 keine Publikationen erschienen, ist wohl verständlich. Aber bereits 1869 veröffentlichte er wieder Arbeiten, die allerdings nur noch zum kleineren Teil die Benzolproblematik in der bisherigen Art zum Gegenstand hatten. Er wendete sich jetzt dem Problem der Synthese von aromatischen Verbindungen aus „Fettkörpern" und der Strukturaufklärung und Synthese aromatischer Farbstoffe zu.

Glaser, als Assistent bei Kekulés Nachfolger Swarts in Gent geblieben, wo er die Chance hatte, eine Professur an der Landwirtschaftsschule in Gembloux zu erhalten, folgte Kekulé auf dessen

ausdrücklichen Wunsch nach Bonn, wo er die erste Unterrichtsassistentur für organische Chemie übernahm. Er war Kekulé eine große Hilfe bei der Organisation der Lehr- und Forschungsarbeit im neuen Institut. 1869 habilitierte er sich in Bonn und trat noch im gleichen Jahr in die Badische Anilin- und Sodafabrik in Ludwigshafen am Rhein ein.
Auf Grund aller geschilderten Umstände sah sich Kekulé im Wintersemester 1867/68 außerstande, Vorlesungen zu halten und Laborarbeiten durchzuführen. Er nutzte diese Zeit, um sich mit den Bonner Verhältnissen, seinem neuen Kollegenkreis und mit den Spitzen der Universität bekannt zu machen. Kaum war das neue chemische Institut seiner Bestimmung übergeben, stand eine neue Begebenheit an: die Bonner Universität beging den 50. Jahrestag ihrer Gründung. Die Feier fand in Anwesenheit des preußischen Königspaares und des Kronprinzen statt, denen Kekulé das neue Institut zu zeigen hatte.

Man erzählt sich, daß der Kronprinz beim Durchwandern der prächtigen Dienstwohnung zu Kekulé geäußert habe: „Herr Professor, Sie wohnen ja wie ein kommandierender General." Lächelnd habe Kekulé geantwortet: „Königliche Hoheit, auch wir sind kommandierende Generäle." [2, S. 381]

Anläßlich des gleichen Festes wurde Kekulé die Ehrendoktorwürde der medizinischen Fakultät verliehen.
Im gleichen Jahr erschienen die ersten Berichte der Deutschen Chemischen Gesellschaft, in denen in den Jahren 1869 bis 1874 alle damals von Kekulé und seinen Mitarbeitern ausgeführten neuen Versuche veröffentlicht wurden.

Verteidigung der Benzolformel

Aufgehalten durch eine Fülle organisatorischer und verwaltungstechnischer Arbeiten, konnte Kekulé erst im Jahre 1869 auf Einwände, die von anderen Chemikern gegen seine Benzolformel erhoben worden waren, reagieren. In seiner Arbeit „Über die Konstitution des Benzols" [15] ging er darauf wie folgt ein:

Daß der Kern sechs und nicht weniger als sechs Kohlenstoffatome enthalte, ist wohl jetzt [. . .] nicht mehr zu bezweifeln. Die große Beständigkeit des aromatischen Kerns spricht dann weiter für möglichste Gleichgewichtslage

der Atome, also für möglichst enggeschlossene und möglichst symmetrische Bindung. Drei Hypothesen müssen durch ihre Symmetrie zunächst auffallen [Abb. 9, Nr. 1–3].
Durch veränderte Stellung derselben Bindungsarten, oder durch Kombination mehrerer dieser drei Bindungsprinzipien entstehen dann die übrigen Hypothesen, von welchen die zwei folgenden [Abb. 9, Nr. 4. u. 5] die nächst symmetrischsten sind.
Ich bekenne nun zunächst, daß auch mir längere Zeit Nr. 3 besonders eingeleuchtet hat, und daß ich später, wenn auch von anderem Gesichtspunkt aus als Ladenburg, in Nr. 5 viel Schönes fand. Dabei muß ich aber gleich wieder erklären, daß mir vorläufig die Hypothese 1 immer noch die wahrscheinlichste scheint. Sie erklärt ebenso einfach wie eine der anderen und, wie mir scheint, eleganter und symmetrischer die Bildung des Benzols aus Azetylen und die Synthese des Mesitylens aus Azeton; sie zeigt mindestens ebenso schön, wenn nicht schöner wie andere, die Beziehungen zwischen Benzol, Naphthalin und Anthrazen; und sie scheint mir namentlich die Bildung der aus dem Benzol entstehenden Additionsprodukte in befriedigender Weise zu deuten, als eine der anderen. Da nämlich das Äthylen in derselben Weise wie das Benzol sich zu Chlor oder Brom addiert, und da in dem Äthylen doch wohl doppelt gebundene Kohlenstoffatome angenommen werden müssen, so wird man bis auf weiteres den Vorgang solcher Additionen sich wohl so vorstellen, daß man annimmt, doppelt gebundene Kohlenstoffatome lösen sich teilweise voneinander los und an die so verwendbar werdenden Kohlenstoffverwandtschaften trete das sich addierende Haloid. Alle anderen Benzolformeln müssen zu der Annahme führen, daß einfach gebundene Kohlenstoffatome sich durch derartige Reaktionen zu lösen im Stande seien, wofür bis jetzt kein Beispiel bekannt ist.
Für so wichtig und fruchtbringend ich die Aufstellung neuer Hypothesen halte, so wenig fördernd scheinen mir lange Diskussionen theoretischer Ansichten. Einmal aufgestellte Hypothesen entwickeln sich durch die Fortschritte der Wissenschaft von selbst; neu entdeckte Tatsachen dienen ihnen als Stützen, oder nötigen zu Modifikationen. In experimentellen Wissenschaften entscheidet in letzter Instanz der Versuch; und der Versuch wird auch nachweisen müssen, welche der verschiedenen Benzolformeln die richtige ist. [15]

Diese Ausführungen sind noch einmal ein Beispiel für meisterhaft gebrauchte Dialektik, wobei das Kriterium der Praxis bewußt Beachtung findet.

Kekulés letzte wissenschaftliche Arbeiten und Lebensjahre (1869–1896)

Die Bedeutung der bisherigen Arbeiten Kekulés für die Entwicklung der chemischen Industrie

Die sich seit etwa 1860 stürmisch entwickelnde chemische Industrie, insbesondere die Teerfarbenindustrie, bedurfte zur Realisierung neuer Synthesen in weit stärkerem Maße, als das bisher notwendig gewesen war, der chemischen Theorie, einer Theorie, die durch das Kriterium der Praxis geprüft war.

Zwischen 1860 und 1900 führte die innerlogische Entwicklung der Chemie zur Ausbildung ihrer klassischen Grundlagen; das war Voraussetzung und zugleich Folge stärkerer Anwendung in der Produktion. Ausgangsposition waren dafür die seit etwa 1800 gewonnenen Erkenntnisse, die um 1860 entscheidend vertieft und gefestigt worden waren. Lange angezweifelte theoretische Ansichten konnten experimentell gesichert werden. Im Denken der Chemiker wurde dabei auch die relativ verbreitete Vorstellung [...] überwunden, daß es unmöglich sei, die „atomare Konstitution der chemischen Moleküle" zu erkennen. [...] Gleichzeitig begann für die chemische Wissenschaft mit dem Wandel des Charakters der Produktivkräfte der Übergang in eine neue Entwicklungsperiode. [...] Die chemische Wissenschaft diente nicht nur der Entwicklung der laufenden Produktion, sondern führte zu tiefgreifenden Umgestaltungen im Produktionsprozeß, in deren Folge sich die chemische Wissenschaft rasch weiterentwickelte.
Starke Veränderungen im Bereich der Produktivkräfte ergaben sich um 1860 durch die Aufnahme neuer Rohstoffe (Kalisalze, Kohle) in die chemische Produktion. [...] Die volkswirtschaftliche Nutzung der außergewöhnlich vielfältigen Potenzen der neuen Rohstoffe war möglich durch die zwischen 1840 und 1870 erzielten Fortschritte in der chemischen Wissenschaft. [22, S. 48 f.]

Durch die Errichtung von Forschungslaboratorien und die rasch ansteigende Zahl von Chemikern mit Hochschulausbildung stieg die Forschungskapazität der chemischen Industrie schnell an. Hierdurch waren Profit und ökonomische Potenz in einem solchen Maße vorhanden, daß besonders im Bereich der Teerfarbenindustrie „die Merkmale der monopolistischen Periode besonders typisch und frühzeitig ausgebildet ... wurden". [22, S. 49] Diese Forschungskapazität wurde noch dadurch erhöht, daß viele Firmen es verstanden, Hochschullehrer durch Verträge an sich zu binden oder sie als Leiter ihrer Forschungseinrichtungen zu gewinnen, natürlich für attraktiv hohe Gehälter oder andere Zuwendungen. Kekulé blieb auch hier der Romantiker unter den Chemikern. Er hat zeit seines Lebens keine direkten kommerziellen Beziehungen zur chemischen Industrie gehabt. Dennoch waren seine Arbeiten von großer Bedeutung für deren Entwicklung:

Durch die volle Anerkennung der chemischen Grundgesetze um 1860, besonders der Molekularhypothese (von Cannizzaro u. a.) wurde die Voraussetzung für eine zunehmende wissenschaftliche Durchdringung der chemischen Produktion geschaffen. In das theoretische Denken der Chemiker fanden u. a. die Hypothese der Atomverkettung (Kekulé u. a.), der „Sättigungskapazität" (Frankland, Kolbe, Kekulé u. a.), der Nachweis der „Vieratomigkeit" des Kohlenstoffatoms und der Gleichwertigkeit dieser vier Valenzen (Kekulé, Schorlemmer u. a.) Eingang, so daß sich nach 1860 – in Weiterentwicklung der in der neueren Typentheorie (Ch. Gerhardt, A. W. Hofmann, A. Laurent, Kekulé u. a.) niedergelegten Erkenntnisse über Konstitution und chemische Funktion – eine neue Auffassung von der „chemischen Struktur" herausbildete (A. Butlerow, Kekulé u. a.).
Die neue Strukturtheorie, auf deren Boden 1865 auch Kekulés Benzenhypothese entstand, setzte dem Streit um die Gültigkeit dualistischer oder unitarischer Auffassung in der organischen Chemie ein Ende und stellte eine der Säulen dar, auf denen die wissenschaftliche Durchdringung chemischer Reaktionen in den nächsten Jahrzehnten ruhte. Allein Kekulés Benzolhypothese löste eine fast unübersehbare Flut von Untersuchungen zur Verifikation derselben aus, in deren Ergebnis zahlreiche chemische Erkenntnisse entstanden, die häufig in chemisch-technischen Verfahren Eingang fanden. Besonders fruchtbar waren dabei z. B. die Arbeiten über die Zahl und Stellung von Substituenten am Benzenkern, die zu zahlreichen präparativen Erfahrungen führten, die in der Produktion z. T. unmittelbar angewendet wurden (beispielsweise [...] Kekulé, A. Wurtz 1867 – Darstellung der Phenole durch Alkalischmelze der Sulfonsäuren). [22, S. 53 f.]

Wissenschaftliche Arbeiten Kekulés mit potentieller industrieller Bedeutung um 1870 und danach

Wie aus den Ausführungen Kekulés in seiner o. g. Arbeit [15] hervorging, war es gelungen, Mesitylen, ein Trimethylbenzol, aus Azeton und Benzol selbst aus Azetylen herzustellen. Das weckte in ihm den Wunsch, auf anderen Wegen zum Benzolring zu gelangen. Mit seinen neuen Mitarbeitern, die ihm nun reichlicher zur Verfügung standen, begründete er eine Schule organischer Synthetiker, deren Angehörige bis weit ins 20. Jahrhundert hinein die Fortschritte der Chemie nicht nur in Deutschland mitbestimmen sollten.

Kekulé begann, Azetaldehyd bzw. Crotonaldehyd Reaktionen zu unterwerfen, aus denen Aromaten erhalten werden sollten. Diese Arbeiten, bei denen ihm im wesentlichen in den Jahren von 1869 bis 1873 Theodor Zincke und Albert Rinne zur Seite standen, wurden nicht von dem gewünschten Resultat gekrönt, führten jedoch zu einer Fülle neuer Erkenntnisse.

Neben den eben genannten Untersuchungen liefen Arbeiten an aromatischen Verbindungen weiter. Unterstützung erhielt Kekulé dabei in den Jahren 1869–1874 durch Thomas Edward Thorpe, einem später bekannt gewordenen Engländer, Antoine Paul Nicolas Franchimont aus Leiden und Wilhelm Dittmar. Gemeinsam mit Franchimont gelang es 1872 Kekulé, den Grundkörper einer künftigen Klasse von Farbstoffen, das Triphenylmethan, darzustellen. Allerdings war das Verfahren für eine industrielle Verwertung noch denkbar ungeeignet. Bemerkenswert sind die einführenden Betrachtungen in diese Arbeit:

Die Kohlenwasserstoffe der Benzolreihe werden dermalen allgemein und fast ausschließlich als Derivate des Benzols angesehen; also als Benzol, in welchem Wasserstoffatome durch einwertige Alkoholradikale ersetzt sind. Die großen Vorteile dieser Anschauung sind allgemein bekannt und brauchen daher nicht mehr erörtert zu werden. Es dürfte jetzt eher an der Zeit sein, vor allzu großer Einseitigkeit zu warnen und daran zu erinnern, daß alle aromatischen Substanzen auch noch in anderer Weise aufgefaßt werden können, so nämlich, daß man sie auf Substanzen aus der Klasse der Fettkörper bezieht, indem man in diesen eine gewisse Anzahl von Wasserstoffatomen sich durch Reste des Benzols ersetzt denkt. [...] Eine systematische Anwendung dieses Prinzips führt, wenn man [...] von [...] dem Methan ausgeht zu folgender Reihe:

$CH_3 \cdot C_6H_5$	Phenylmethan
$CH_2 \cdot (C_6H_5)_2$	Diphenylmethan
$CH \cdot (C_6H_5)_3$	Triphenylmethan
$C \cdot (C_6H_5)_4$	Tetraphenylmethan.

[13, S. 590–592]

In den Jahren 1869 bis 1874 schließlich beschäftigte sich Kekulé, später gemeinsam mit Anton Fleischer, auch mit dem Terpentinöl und dem Campher. Als ein Vorläufer dieser Arbeiten kann die Untersuchung „Über die Konstitution des Mesitylen" gelten, die von Kekulé 1867 noch in Gent durchgeführt worden war. Die dort angestellten Betrachtungen sollten sich aber als nicht tragfähig erweisen.

Die nunmehr neu aufgenommenen Arbeiten beschäftigten sich mit dem Cymol, dessen Darstellung aus Campher bzw. Terpentinöl und seine Umwandlung in andere aromatische Körper. Auch Arbeiten zur Konstitution des Camphers wurden durchgeführt. Alle diese Arbeiten wurden nicht mit dem gewünschten Erfolg, der Konstitutionsaufklärung der untersuchten Substanzen, beendet. Aus heutiger Sicht muß man wohl sagen, daß die Zeit für solche Untersuchungen noch nicht reif war. Erst viele Jahre später sind die hier bereits von Kekulé bearbeiteten Probleme auf anderen Wegen und mit anderen Ergebnissen zum glücklichen Ende gebracht worden.

Die endgültige Lösung des Campherproblems konnte Kekulé 1893 im chemischen Institut der Universität Bonn erleben. Julius Bredt, aus der Teerfarbenindustrie kommend, konnte aus seinen Untersuchungen die noch heute gültige Campherformel ableiten, zur gleichen Zeit, in der Otto Wallach, inzwischen außerordentlicher Professor am Bonner chemischen Institut, seine später mit dem Nobelpreis gewürdigten Arbeiten über die Bestandteile der ätherischen Öle aufnahm.

Der Erwähnung bedürfen noch Kekulés Arbeiten zum Problem der Indigosynthese und zum Isatin sowie seine Untersuchungen zum Pyridin. Diese Arbeiten haben unzweifelhaft inspirierend auf andere Chemiker gewirkt, waren aber nicht mehr von jener Bedeutung wie seine Arbeiten der 60er Jahre. Wichtig war aber seine Vorstellung von der Struktur des Pyridins, über die er anläßlich seiner Rede auf dem Benzolfest, von dem noch zu berichten sein wird, „philosophierte“. In Kekulés wissenschaftlichem Nachlaß fand Anschütz einen Notizzettel, dem folgendes zu entnehmen war:

Es gibt eben offenbar zwei Arten von Ringen. Das Pyridin – und ähnliche Körper – ist also nicht eigentlich ein Ring, sondern eine durch ein *Schloß* ringförmig geschlossene *Kette.* Es erscheint als Ring, wenn man das Schloß als Glied der Kette behandelt; aber ein solcher Ring wird stets, und zwar gerade am *Schloß,* leichter zu öffnen sein, als wahre Ringe, die aus gleichartigen Gliedern bestehen. [13, S. 769]

Zwei künftige Nobelpreisträger in Kekulés Laboratorium

Seit 1872 war Wallach als Assistent im organischen Praktikum tätig. Er war aus der Industrie gekommen, hatte sich aber für die akademische Laufbahn entschieden und habilitierte sich 1873. Im gleichen Jahr wurde Zincke außerordentlicher Professor, so daß die Studenten nunmehr Gelegenheit hatten, bei drei Organikern zu arbeiten. Einer der Studenten zu dieser Zeit war Jacobus Henricus van't Hoff aus den Niederlanden, der neben vielen anderen Ausländern, die als Doktoranden und Studenten zum Mekka der organischen Chemie, dem chemischen Institut der Universität Bonn, in großer Zahl kamen, den großen Kekulé erleben wollte.
In einem Brief an seine Eltern schreibt der junge van't Hoff:

> Links liegt das Auditorium, wo sich täglich hundert der gebildetsten jungen Leute aus etwa zehn Kulturstaaten versammeln, um Kekulé zu sehen und zu hören, den Mann, dessen Ruhm sich über einen halben Weltteil erstreckt.
> Es liegt etwas Bezauberndes darin, jemand zu sehen, der berühmt ist; er steht allein, außerhalb Liebe oder Freundschaft, außerhalb Achtung oder desjenigen, worauf unser gewöhnliches Thermometer zeigt. Ihn zu lieben ist pedantisch, ihn zu achten ist ein Gemeinplatz. Es steht bei uns, ihn zu hören und zu bewundern, bei ihm, uns zu beurteilen. Wenn er zu mir kommt, um mir zu helfen, ist es mir, als wäre alles in mir doppelt wirksam und empfindlich. [2, S. 437]

Kekulé hatte die Fähigkeiten van't Hoffs durchaus erkannt. Deshalb sprach er ihn an, mit ihm über Terpentinöl, Campher usw. zu arbeiten. Van't Hoff aber lehnte ab und widmete sich einer anderen Untersuchung: er synthetisierte Propionsäure nach einer neuen Methode, die Kekulé positiv beurteilte.

Pflichten und Ehrungen

Im Jahre 1873 wurde der 44jährige Kekulé für seine Verdienste zum Geheimen Regierungsrat ernannt. Im Folgejahr machte er gemeinsam mit seinem Sohn Stephan eine Erholungsreise in die Schweiz, um seinen angegriffenen Gesundheitszustand wieder zu verbessern. Zu dieser Zeit war Liebigs Münchener Lehrstuhl bereits vakant und die Nachfolge völlig offen. Als Kekulé das Angebot aus München erhielt, hat er es aus ganz persönlichen Gründen abgelehnt. In einem Brief an Erlenmeyer vom 3. Februar 1875 begründete er seine Ablehnung noch einmal:

> ... Hauptmotiv ist das verrufene Klima, [...]. Dazu kommt das Gesetz der Trägheit, verstärkt durch das Bewußtsein, daß ich nicht mehr der Alte, sondern vielmehr ein Alter bin. [2, S. 464]

Die preußische Regierung honorierte Kekulés Verbleib in Bonn mit einer Gehaltserhöhung von 2 200 auf 3 000 Taler. Als Nachfolger von Liebig wurde Kekulés erster Schüler und Freund Baeyer berufen.

Im gleichen Jahr begann Anschütz eine Assistententätigkeit in Bonn, wo er, schließlich als ordentlicher Professor und Nachfolger Kekulés, 50 Jahre tätig sein sollte.

Am 18. Oktober 1875 trat Kekulé für ein Jahr das Amt des Dekans der philosophischen Fakultät an, das er äußerst gewissenhaft verwaltete.

Noch während seines Dekanats heiratete Kekulé erneut. Am 1. Oktober 1876 ging er mit Fräulein Louise Högel den Bund fürs Leben ein. Dieser Ehe entstammten drei Kinder, die alle in relativ jungen Jahren, wahrscheinlich auf Grund einer vererbbaren Krankheit, verstarben.

Von nun an war Kekulé von Frau und Kindern so beansprucht, daß nicht nur die wissenschaftliche Arbeit zu kurz kam, sondern selbst der gesellschaftliche Verkehr mit seinen Kollegen immer mehr reduziert wurde. Hinzu kam, daß seine Frau den Kindern keine Helferin bei schulischen Hausaufgaben sein konnte und nicht vermochte, in Kekulés Kreisen Einfluß zu gewinnen. Selbst mit den Hausangestellten und dem Haushalt kam sie nicht allein zurecht.

Als Kekulés Sohn aus erster Ehe, Stephan, noch im gleichen Jahr an Masern erkrankte, pflegte Kekulé ihn selbst und infizierte sich. Von den Folgen dieser Erkrankung erholte er sich bis zu seinem Tode nicht mehr.

Von 1875 an bis zu seinem Tode im Jahre 1896 hat Kekulé nur noch – neben seiner Arbeit am Lehrbuch, die er stockend weiterführte – zehn wissenschaftliche Arbeiten veröffentlicht. Jedoch wurden in dieser Zeit einige bedeutende Reden von ihm gehalten. Der Ehrungen aber waren viele für ihn.

Im Sommer 1877 wurde Kekulé für ein Jahr zum Rektor der Bonner Universität gewählt. Während seiner Amtsperiode beging die Universität im Jahre 1878 ihr 60jähriges Stiftungsfest. Im gleichen Jahr wurde der Tronerbe, Prinz Wilhelm von Preußen, der spätere Kaiser und König Wilhelm II., an der Universität immatrikuliert.

Bei der Übernahme seines Ehrenamtes hielt Kekulé seine weithin wirkende Rede „Die wissenschaftlichen Ziele und Leistungen der Chemie“, die sein wissenschaftliches Credo darstellte. Sie war gleichzeitig ein hervorragendes Beispiel für eine historische Wertung der Leistungen der Chemie. Die in ihr entwickelten Gedanken wurden bereits an anderen Stellen vorgestellt, so daß ein weiteres Eingehen auf sie überflüssig erscheint [13, S. 903–917].

Erwähnt werden muß aber, daß Kolbe es sich nicht nehmen ließ, auch diese Äußerungen Kekulés zu verunglimpfen. Kolbe verstieg sich zu Behauptungen, wie, die Rede sei eine Sammlung grober Stil- und Gedankenfehler, es sei ihm zur Gewißheit geworden, daß Kekulé nicht im Besitz der allgemeinen Bildung und der Schulung des Geistes sei, welche die Gymnasien gewähren. Seinen eigenen Status charakterisierte Kolbe dadurch, daß er angab, Valenz- und Benzoltheorie ohne Verständnis gegenüber zu stehen, und van't Hoffs Hypothese vom asymmetrischen Kohlenstoffatom, auf die Kekulé in seiner Rede eingegangen war, glaubte er als Unsinn abtun zu können. Ganz anders aber urteilte Engels in seinem „Anti-Dühring“ darüber. [24]

Seine zweite bedeutende Rede während seines Rektorates hielt Kekulé anläßlich des Geburtstages von Wilhelm I., dem deutschen Kaiser, am 22. März 1878. Das Thema lautete diesmal „Die Prinzipien des höheren Unterrichts und die Reform der Gymnasien“. Damit ergriff Kekulé zu einem aktuellen Problem das Wort. In jener Zeit hatten sich neben den Gymnasien die Realschulen etabliert, und aus den höheren Gewerbeschulen waren Technische Hochschulen hervorgegangen, die in ihren Lehrplänen dem technischen Fortschritt besser Rechnung trugen als die alteingesessenen Bildungseinrichtungen.

Bereits die Entwicklung der Produktivkräfte in der ersten Hälfte des 19. Jahrhunderts hatte eine Schulreform auf die (historische) Tagesordnung gesetzt. Die Chemie hatte sich zur Wissenschaft entwickelt. Materielle Erfolge, die sich mit der Ausnutzung chemischer Erkenntnisse und Gesetzmäßigkeiten in Gewerbe, Industrie und Landwirtschaft eingestellt hatten, und die Anerkennung der Realschulen als Stätten höherer Bildung waren notwendige Voraussetzung für grundlegende Veränderungen im Bildungswesen. Eine verbesserte chemische Ausbildung war zur objektiven Notwendigkeit geworden [vgl. 20, S. 57 ff. u. 72 f.].

Inzwischen hatte sich durch die Gründung der profilbestimmenden chemischen Großbetriebe in der zweiten Hälfte des 19. Jahrhunderts die Situation so verändert, daß die Erkenntnisse der theoretischen und die Ergebnisse der experimentellen Chemie zur unabdingbaren Voraussetzung für die Entwicklung der chemischen Industrie geworden waren. Dieser Entwicklungsstand konnte vom Schulwesen auf die Dauer nicht ignoriert werden.

So warf Kekulé den Gymnasien eine Vernachlässigung der Ausbildung auf dem Gebiet der Naturwissenschaften vor und hob deren Bildungswert hervor. Er erörterte im einzelnen, wie der naturwissenschaftliche Unterricht zu gestalten sei. Seine Gedanken muten auch heute noch, zumindest zum Teil, recht modern an.

Kekulé legte Wert auf die Feststellung, es solle gerade „der Naturwissenschaftler sich für besonders befähigt halten, in Fragen des höheren Unterrichts eine Ansicht zu haben, aber er muß überdies sich für besonders verpflichtet erachten, seine Meinung zu äußern“, denn die Professoren kannten am besten die Notwendigkeit der Ausbildung, sie selbst haben ja als Forscher das zu vermittelnde Wissens- und Methodengut mit geschaffen.

Das Hauptziel seiner Rede ist die Kritik an der Parallelität und Konkurrenz von Gymnasien und Realschulen, von Universitäten und polytechnischen Akademien seiner Zeit. Kekulé bedauerte diese dualistische Entwicklung, welche durch die Vernachlässigung der sogenannten „realen“ Gegenstände an den Gymnasien verursacht sei. Er geht nicht auf gesellschaftliche Hintergründe dafür ein.

Ein allgemeines Ausgleichen allen Unterrichts und aller Institutionen empfiehlt er [...] nicht. Gleiche Ausbildungsbedingungen für alle Bürger hält Kekulé für utopisch, für wünschenswert zwar, dennoch hemme das die Förderung der Begabten. Die Vereinheitlichung der Schulen sei ebenfalls nicht ratsam, denn gewisse Spezialisierungen seien erforderlich. [19, S. 62 f.]

Der Inhalt der Reform, die er vor Augen hatte, wurde aus Kekulés eigenen Erfahrungen unter Berücksichtigung wissenschaftsklassifikatorischer Überlegungen und fachübergreifender Gesichtspunkte abgeleitet. So forderte er selbständiges Denken und Fragenstellen, Entwicklung aller geistigen Fähigkeiten, Aneignung der Fähigkeit der Anschauung (z. B. räumliches assoziatives Sehen, wie es ihm selbst eigen war), und daraus entstehende Ableitungen für die Neugestaltung des Unterrichtsstoffes und der Didaktik. Anläßlich des 60jährigen Bestehens der Universität Bonn fand ein Fackelzug der gesamten Studentenschaft statt. Vor der Wohnung des Rektors angekommen, wurden die Studenten von ihm begrüßt und in einer kurzen Ansprache zur Einigkeit aufgerufen. Im Sommersemester 1879 schließlich „durfte" Kekulé dem Prinzen Wilhelm von Preußen eine Vorlesung in Experimentalchemie halten, die von Anschütz vorzubereiten war. Die Vorlesung muß ein chemisch-pädagogisches Meisterwerk gewesen sein, wenn selbst der spätere Wilhelm II. sie verstanden zu haben scheint, wie aus folgender Äußerung hervorgeht:

> Auch der Chemiker August Kekulé mit dem wunderschönen Kopf war sehr nach meinem Geschmack, geistvoll, fein, vornehm, ungemein interessant, namentlich im Vorführen von Experimenten. Er besaß die seltene Gabe, dieses fesselnde, aber für den Laien recht komplizierte Gebiet in klarer, verständlicher Form und höchst anregend vorzutragen. [2, S. 484]

Kekulé in den 80er Jahren

In den 80er Jahren mußte Kekulé immer häufiger seinem schlechten Gesundheitszustand Tribut zollen, Erholung suchen und neue Kräfte sammeln.

Im Jahre 1883 nahm er noch einmal umfassend zum Benzolproblem Stellung, wobei er aber, auf Anraten seines Freundes Jacob Volhard, einen im wesentlichen gegen Kolbe gerichteten polemischen Teil nicht mit veröffentlichte. Damit fehlte dieser Publikation „Über die Carboxytartronsäure und die Constitution des Benzols" [2, S. 720–744] die notwendige Würze. Erst 1965 wurde von Richard Kuhn dieser Teil als Buch unter dem Titel „Cassirte Kapitel aus der Abhandlung: Über die Carboxytartronsäure und die Constitution des Benzols" veröffentlicht. Sie entstammen Kekulés Nachlaß. [16]

Im Jahre 1884 folgte noch eine Arbeit „Über die Trichlorphenomalsäure und die Constitution des Benzols". [2, S. 744–765]

Beide Veröffentlichungen stellten eine Rechtfertigung und einen Beweis für Kekulés Ansichten dar. In den „Cassirten Kapiteln. . ." aber geht es wesentlich offenherziger zu. In einem Brief von Volhard an Kekulé vom 25. August 1883 heißt es:

Du hast es denn doch wahrhaftig nicht nötig, mit Kolbe oder sonst wem um diesen oder jenen Titel wissenschaftlichen Verdienstes zu rechten. Ein Aug. Kekulé hat es doch nicht nötig, des eigenen Verdienstes Künder zu werden, und kann getrost der Mit- und Nachwelt überlassen, seine und anderer Leistungen gegeneinander abzuwägen.
[. . .] auch die Geschichte der Valenztheorie würde zweckmäßig ausführlicher entwickelt. Natürlich würde das eine eigene Broschüre erfordern. Ob Du der geeignete Mann bist, diese zu schreiben, möchte ich bezweifeln, denn Du kannst Dich weder vom Parteistandpunkt frei machen noch es unterlassen, allerlei schnotterige Redensarten, persönliche und hämische Bemerkungen einzustreuen, während gerade gegenüber der Voreingenommenheit, Unanständigkeit und Persönlichkeit der Kolbeschen Kritiken vollkommenste Unparteilichkeit, ausschließende Sachlichkeit und würdevollster Ernst durchaus geboten erscheinen. [16]

Am 2. Oktober 1883 schrieb Kekulé an Volhard:

Mir selbst gefällt das Ding [die apostrophierte Veröffentlichung] jetzt beträchtlich besser wie früher, aber Anschütz ist unglücklich über die Änderung. [. . .] Auf Kolbe kam es mir garnicht an. Ich bedurfte seiner nur, um einen Übergang zu Frankland zu gewinnen. Ihr anderen [. . .] seid zu wenig belesen und wißt deshalb nicht, daß Franklands Ansprüche [auf die Priorität der Begründung der Valenztheorie] von vielen englischen Chemikern für begründet gehalten werden.
Für meine Seelenruhe ist es jedenfalls besser, daß die beiden Kapitel wegbleiben. Die „alte Henne" hätte sicher die Gelegenheit benutzt um unter großem Gegacker ein Hahnenei zu legen. Der Schmutz wäre zwar nicht an mir hängengeblieben, hätte mich aber doch vorübergehend belästigt. [16]

Um sich eine Vorstellung vom Ton der „Cassirten Kapitel . . ." machen zu können, sei folgende Passage zitiert:

Nach den von Kolbe wiederholt ausgesprochenen Ansichten wäre indes der Glaube an die Identität der erwähnten Kohlenwasserstoffe offenbar „ein zur Mode gewordener Wahn". Bei den Atomen Kolbes herrscht bekanntlich durchaus nicht der gemütliche Ton wie im „Aerarium" der „Molekularwelt" [hier bezieht sich Kekulé auf Kopps Buch „Aus der Molekularwelt", Heidelberg 1882]. Hier geht es vielmehr ganz militärisch zu. Zumeist gibt es nur einen Höchstkommandierenden, aber Koordinierte können zur Not geduldet werden. Jedenfalls haben selbst die Kohlenstoffoffiziere durchaus nicht Anspruch auf den gleichen Rang, und diejenigen, welche dem als Verstärkung eintretenden Radikal zugehören, werden sich stets den im Typus schon vorhandenen unterordnen müssen. Ein Diäthinmethylen kann also unmöglich identisch sein mit einem Dimethin-diäthylen.
Überdies sieht „ein gewiegter Chemiker, der verstehen will" [Bezug auf einen Ausspruch Kolbes], sofort ein, daß es mindestens drei Propane zwar nicht gibt, aber doch geben muß, nämlich:

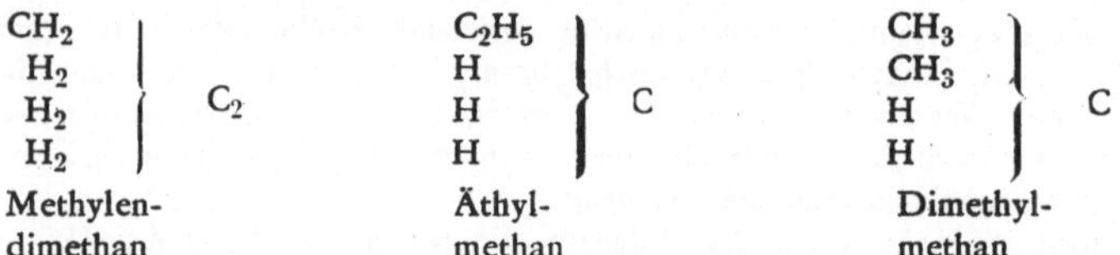

Bei der Beurteilung der Frage nach dem Ursprung der Valenztheorie handelt es sich also nicht darum zu untersuchen, wer zuerst den Begriff der „Sättigungskapazität", sondern wer die Verschiedenheit der Valenz der Elementaratome erkannt, also zuerst die Atome der verschiedenen Elemente in bezug auf ihre Äquivalenz verglichen habe.
Die erste Betrachtung dieser Art findet sich, soweit ich sehen kann, in meiner im Jahre 1854 veröffentlichten Notiz über die Thiacetsäure. [16]

In den 80er Jahren wurde Kekulé in immer stärkerem Maße als Gutachter oder Schiedsrichter bei Patentstreitigkeiten innerhalb der Teerfarbenindustrie bestellt. Obwohl er selbst keinerlei Arbeiten für die sich schnell entwickelnde chemische Industrie Deutschlands ausführte, hatte er durch seine vielen Schüler, die in leitenden Positionen in der Industrie wirkten, einen vorzüglichen Einblick in deren Probleme. Er übernahm Gutachten nur dann, wenn er sich vorher von der Berechtigung eines Einspruchs überzeugt hatte. Auch diese Gutachten wurden so sorgfältig wie z. B. seine Vorlesungen und sein Lehrbuch ausgearbeitet. Auch ihnen fehlte nicht der Kekulésche Humor und die scharfsinnige Beweisführung.
Seine hervorragenden wissenschaftlichen Leistungen wurden 1885 mit der Copley-Medaille und 1889 mit der Huygens-Medaille gewürdigt. Für 1886 wurde er zum Präsidenten der Deutschen Chemischen Gesellschaft zu Berlin gewählt. In diesem Jahr hatte sich seine Gesundheit kurzzeitig so gebessert, daß er auch Kongreßreisen unternehmen konnte. So nahm er auch im September an der Naturforscher-Versammlung in Berlin teil. Am 20. September 1886 veranstaltete die Deutsche Chemische Gesellschaft einen Bierabend. Aus diesem Anlaß hatten einige besonders witzige Fachkollegen ein Scherzheft „Berichte der durstigen Chemischen Gesellschaft. Unerhörter Jahrgang, Nr. 20", äußerlich den „Berichten ..." zum Verwechseln ähnlich, herausgebracht. In diesem Heft fand sich auch eine humoristische Abhandlung „F. W. Findig: Zur Constitution des Benzols", in der der Präsident Aujust Kuleké deftig auf den Arm genommen wurde. Unter anderem

wurde darin dargestellt, wie Kekulé sechs Affen im Halbschlaf erschienen. Indem sie sich an Händen, Füßen und Schwänzen faßten, bildeten sie die unterschiedlichsten Sechserfiguren, und so war es ein leichtes, den Benzolring zu erkennen.
Schließlich fand 1889 eine Feier zum 60. Geburtstag von Kekulé statt. Sein Sohn Stephan schenkte ihm aus diesem Anlaß eine Marmorbüste, die Kekulés Züge sehr schön wiedergibt (Abb. 1).

Kekulés letzte Lebensjahre und Tod

Am 11. März 1890 veranstaltete die Deutsche Chemische Gesellschaft in Berlin zu Ehren Kekulés das sogenannte Benzolfest. War es doch inzwischen 25 Jahre her, daß Kekulé den Benzolring in die organische Chemie eingebracht hatte. Anläßlich dieser Feier wurde das für die Nationalgalerie seitens der Teerfarbenindustrie gestiftete Gemälde Kekulés vorgestellt. Die Eröffnungsrede des Benzolfestes hielt A. W. v. Hofmann. Er zeichnete beredt und humorvoll die wechselvolle Geschichte des Benzols und seiner Formel. In der Festrede gab A. v. Baeyer eine großartige Würdigung der Verdienste Kekulés und bezeichnete ihn als seinen hochgelehrten Lehrer und teuren Freund, als den kühnen Architekten, der das Gebäude der Strukturchemie errichtet habe.
Im Anschluß daran wurde Kekulé eine Fülle von Glückwunschschreiben von Gesellschaften und Akademien, teils persönlich durch Abgesandte, teils telegraphisch übermittelt, überreicht. Schließlich wurde er selbst ums Wort gebeten. Glücklich und dankbar sagte er:

Sie haben ohne zureichenden Grund eine außergewöhnliche und außergewöhnlich großartige Feier veranstaltet und haben dieser Feier den Stempel meines Namens aufgedrückt. So bin ich, sehr gegen meine Neigung, genötigt, von meiner Person zu reden und die Frage zu erwägen, ob meine geringen Verdienste eine derartige Huldigung und ob sie überhaupt eine Huldigung verdient haben.
Sie feiern das Jubiläum der Benzoltheorie. Ich muß zunächst sagen, für mich selbst war diese Benzoltheorie nur eine Konsequenz, und zwar eine leidlich naheliegende Konsequenz der Ansichten, die ich mir über den chemischen Wert der Elementaratome und über die Art der Bindung der Atome gebildet hatte, also der Ansichten, die wir jetzt als Valenz- oder Strukturtheorie zu bezeichnen gewohnt sind.
Aber wo ist das besondere Verdienst?

Meine Herrn Fachgenossen! Wir alle stehen auf den Schultern unserer Vorgänger; ist es da auffallend, daß wir eine weitere Aussicht haben als sie? Wenn wir auf den von unseren Vorgängern gebahnten Wegen oder wenigstens auf den von ihnen betretenen Pfaden mühelos zu den Punkten gelangen, welche jene, mit Überwindung zahlreicher Schwierigkeiten, als die äußersten erreicht haben: ist es da ein besonderes Verdienst, wenn wir noch die Kraft besitzen, weiter wie sie in das Gebiet des Unbekannten vorzudringen? [. . .]
Unsere jetzigen Ansichten stehen nicht, wie man öfter behauptet hat, auf den Trümmern früherer Theorien. Keine der früheren Theorien ist durch spätere Geschlechter als vollständig irrig erkannt worden; alle konnten, gewisser unschöner Schnörkel entkleidet, in den späteren Bau aufgenommen werden und bilden mit ihm ein harmonisches Ganzes. [2, S. 623/24]

Wilhelm II. verlieh am 10. März 1890 Kekulé den Kronenorden zweiter Klasse und empfing ihn am 15. März in Audienz. Gleichzeitig wurde Kekulés Wahl zum Ritter des Maximilianordens für Wissenschaft und Kunst in Bayern bestätigt.
Am 1. Juni 1892 wurde Kekulés 25jähriges Bonner Professorenjubiläum festlich begangen. Auch dieses Fest endete mit einem Fakkelzug aller Studenten zu Ehren Kekulés.

12 Altersporträt Kekulés

Ein Jahr später wurde Kekulé zum stimmfähigen Ritter des Ordens pour le mérite für Wissenschaften und Künste durch Wilhelm II. ernannt.
Auf Betreiben seines Sohnes Stephan, der inzwischen herausgefunden hatte, daß die Kekulés von altem böhmischem Adel waren, stellte Kekulé den Antrag um Anerkennung des Adels und um Aufnahme in den preußischen Adel. Wilhelm II. entsprach in einer Verfügung vom 27. März 1895 durch ein wertvolles Adelsdiplom dem Antrag. Seitdem durften sich Kekulé und seine Nachkommen „Kekulé von Stradonitz" nennen. Während sein Sohn Stephan sich nur noch so nannte, blieb Kekulé seinem alten Namen, seinem alten Pseudonym, wie er es selbst einmal formulierte, treu.
Aus verschiedenen Äußerungen und Verhaltensweisen Kekulés und seiner Zeit-, insbesondere aber seiner Fachgenossen, ist unschwer zu erkennen, daß er die Ehrungen durch seine Fachkollegen und wissenschaftliche Institutionen weit höher einschätzte als die unterschiedlichen Auszeichnungen, die er von verschiedenen Herrscherhäusern erhielt. Bei ersteren waren stets Stolz, Rührung und Dankbarkeit zugleich zu erkennen, bei letzteren überwog in seinem Verhalten eine gewisse Kühle, so, als ob gleichsam selbstverständliche, seinen wissenschaftlichen Leistungen angemessene Gegenleistungen erbracht würden.
Im Februar 1895 erkrankte Kekulé an einem schweren Bronchialkatarrh, so daß er keine Vorlesungen halten konnte. Nach einer Kur in Bad Ems fühlte er sich wohler. Anfang 1896 erkrankte Kekulé erneut an einer schweren Grippe, zu der sich im Mai Herzschwäche gesellte, später eine Insuffizienz der Bauchspeicheldrüse. Am 13. Juli 1896 ereilte ihn nach tapfer ertragenem Leiden der Tod.
Seine letzte Ruhestätte trägt den Namen Kekulé von Stradonitz. Am Sockel des ihm zu Ehren errichteten Denkmals vor dem chemischen Institut der Universität Bonn, das am 9. Juni 1903 feierlich enthüllt worden ist, steht sein „altes Pseudonym" August Kekulé. Anschütz hielt die Festrede vor einem erlesenen Publikum.
Der Name August Kekulé lebt in der Wissenschaft fort als der eines Klassikers der organischen Chemie.

Epilog

Der Chemiker Friedrich August Kekulé war im Zeitalter der Industriellen Revolution durch seine fundamentalen Entdeckungen in bezug auf die Natur des Kohlenstoffs und seiner Fähigkeit, ketten- und ringförmige Moleküle zu bilden, direkt und indirekt an der stürmischen Entwicklung der Chemie und der chemischen Industrie beteiligt.

Obwohl in seiner privaten Sphäre wenig vom Glück begünstigt, bewältigte er ein enormes Maß an Arbeit, deren Ergebnisse ihn als einen der Begründer der klassischen organischen Chemie in die Geschichte eingehen ließen. Er hat es in hohem Maße verstanden, alle ihm eigenen Fähigkeiten und Fertigkeiten so zu entwickeln, daß er heute gemeinsam mit August Wilhelm von Hofmann zu den bedeutendsten Chemikern zählt, die in der zweiten Hälfte des 19. Jahrhunderts wirkten.

Schon frühzeitig entwickelte sich bei Kekulé die Fähigkeit, in großen Zusammenhängen zu denken. Elternhaus, naturwissenschaftlich interessierte Verwandte und Lehrer entzündeten sein Interesse für alle naturwissenschaftlichen, technischen und auch künstlerischen Disziplinen, wobei sein besonderes Interesse für Architektur und Chemie noch herausragten. Hinzu kam eine besondere Begabung für Sprachen und wissenschaftliche Kommunikation.

Aber ohne seinen Fleiß, seine Beharrlichkeit, seine Fähigkeit, seine Gedanken klar und präzise, aber auch mitreißend formulieren zu können, wäre er nicht einer der berühmtesten Chemiker seiner Zeit geworden. Letztlich müssen auch noch einmal seine vorzüglichen Kenntnisse auf chemiehistorischem Gebiet genannt werden.

Er widmete sich ganz der Wissenschaft und verbrauchte sich physisch zwischen seinem 20. und 45. Lebensjahr in einer Weise, daß ihm in seinen letzten 20 Lebensjahren, die ihm viele Ehrungen brachten, keine weiteren bedeutenden Entdeckungen gelangen.

Die Formen der damals modernen Industrieforschung vermochte er nicht mehr mit seiner „romantischen" Arbeitsweise in Einklang zu bringen. Er erkannte aber spontan die Notwendigkeit des dialektischen Herangehens an vorliegende Forschungsergebnisse und überwand die metaphysische Denkweise.

Kekulés Entdeckungen hat der berühmte und mit Kekulé befreundete A. W. v. Hofmann hoch gewürdigt, indem er neidlos anerkannte:
„Alle meine Entdeckungen gäbe ich her gegen den einen Gedanken Kekulés“ [2, S. 619], wobei er sich auf dessen Benzolformel bezog.

Chronologie

1803	Dalton entwickelt Grundlagen der klassischen Atomtheorie.
1811	Avogadros Molekularhypothese. Berzelius beginnt mit seinen genauen Atomgewichtsbestimmungen.
1818	Berzelius stellt seine elektrochemische dualistische Theorie der chemischen Verbindungen auf.
Nach 1820	Gründung technischer Unterrichtsanstalten in Deutschland.
1825	In Gießen entsteht unter Liebig das erste Unterrichtslaboratorium an einer Universität.
1828	Wöhler synthetisiert mit dem Harnstoff die erste organische Substanz.
1829	7. September: Friedrich August Kekulé in Darmstadt geboren.
1832	Liebig und Wöhler: „Über das Radikal der Benzoesäure".
1834	Schorlemmer geboren.
1840	Begründung der Agrikultur- und physiologischen Chemie als spezielle neue Zweige der angewandten Chemie durch Liebig. Fresenius begründet die analytische Chemie als neuen Zweig der Chemie.
1841	Sinin reduziert Nitrobenzol zu Anilin.
1843–47	Kopps „Geschichte der Chemie" erscheint.
1844	Liebigs „Chemische Briefe" erscheinen.
1850	Clausius formuliert den 2. Hauptsatz der Thermodynamik. Farbwerke Leverkusen gegründet.
1851/52	Kekulé weilt zu einem Studienaufenthalt in Paris.
1852	Kekulé wird an der Universität Gießen zum Dr. phil. promoviert.
1853–55	Kekulé arbeitet als Privatassistent bei Stenhouse in London; Arbeit über Thiacetsäure veröffentlicht.
1856	Kekulé habilitiert sich an der Universität Heidelberg und wird dort Privatdozent.
1858	Kekulé und Couper erkennen die Vierwertigkeit des Kohlenstoffs. Kekulé erklärt die Struktur organischer Verbindungen. Kekulé wird zum Professor der Chemie an die Reichsuniversität Gent (Belgien) berufen.
1860	Internationaler Chemiker-Kongreß in Karlsruhe. Bunsen und Kirchhoff etnwickeln die Spektralanalyse.
1861	Butlerow definiert den Begriff „Chemische Struktur". Bunsen und Kirchhoff entdecken das Rubidium.
1862	Farbwerke Höchst gegründet.
1863	Nobel nimmt die Produktion von Sprengöl auf. Badische Anilin und Sodafabrik gegründet.

1864	Nobel entdeckt die Initialzündung. Pasteur erkennt gärungserregende Mikroorganismen als „echte“ Lebewesen.
1865	Kekulé „Über die Konstitution aromatischer Verbindungen“ (Benzoltheorie).
Seit 1866	Das Solvay-Verfahren zur Herstellung von Soda aus Kochsalz beginnt sich durchzusetzen.
1867	Kekulé wird zum Professor der Chemie an die Universität Bonn berufen. Nobel erfindet das Dynamit. Siemens definiert das elektrodynamische Prinzip und nutzt es zum Bau von Dynamomaschinen. Gründung der Deutschen Chemischen Gesellschaft.
1868	Bunsen entwickelt die Wasserstrahlpumpe. Edison erfindet den Telegraphen.
1869/70	Mendelejew und Meyer stellen das Periodische System der Elemente auf.
1870/71	Deutsch-Französischer Krieg. Bismarcks „Reichseinigung“.
Nach 1870	Ausweitung der Produktion künstlicher Düngemittel. Umwandlung von technischen Unterrichtsanstalten und Polytechnika in Technische Hochschulen. Entstehung des Fachschulwesens (Ingenieurschulen).
1874	Van't Hoff und Le Bel veröffentlichen ihre Untersuchungen über die Lagerung der Atome im Raum.
1877	Erlaß des Patentgesetzes im Deutschen Reich.
1877/78	Kekulé wird Rektor der Universität Bonn.
1890	„Benzolfest“ in Berlin.
1892	Schorlemmer verstirbt in Manchester.
1896	13. Juli: Kekulé verstirbt in Bonn. Nobel gestorben. Zinsen seines Vermögens als Nobelpreis gestiftet.

Literatur

[1] Engels, Friedrich: Dialektik der Natur. Berlin 1952.
[2] Anschütz, Richard: August Kekulé. Berlin 1929. 1. Band.
[3] Kekulé, August: Liebigs Annalen 90 (1854) 309–316.
[4] Kekulé, August: Liebigs Annalen 101 (1857) 200 und 105 (1858) 279–286.
[5] Kekulé, August: Liebigs Annalen 104 (1857) 129–150.
[6] Kekulé, August: Liebigs Annalen 106 (1858) 129–159.
[7] Schorlemmer, Carl: Ursprung und Entwicklung der organischen Chemie. Leipzig 1979.
[8] Heinig, Karl: Carl Schorlemmer. Leipzig 1974.
[9] Kekulé, August: Liebigs Annalen 117 (1860) 120–129.
[10] Stock, Alfred: Der internationale Chemiker-Kongreß Karlsruhe 3. bis 5. September 1860 vor und hinter den Kulissen. Berlin 1933.
[11] Heinig, Karl (Hrsg.): Biographien bedeutender Chemiker. Berlin 1968.
[12] Kekulé, August: Lehrbuch der organischen Chemie oder der Chemie der Kohlenstoffverbindungen, 1. Lieferung, 1. Band. Erlangen 1861.
[13] Anschütz, Richard: August Kekulé. Berlin 1929. 2. Band.
[14] Kekulé, August: Liebigs Annalen 125 (1863) 375/76.
[15] Kekulé, August: Berichte der deutschen chemischen Gesellschaft 2 (1869) 362–365.
[16] Kuhn, Richard (Hrsg.): Cassirte Kapitel aus der Abhandlung: Über die Carboxytartronsäure und die Constitution des Benzols. Weinheim/Bergstraße 1965.
[17] Strube, Irene: Chemie und Industrielle Revolution. In: Studien zur Geschichte der Produktivkräfte. (Hrsg.: K. Lärmer) Berlin 1979.
[18] Weißbach, Helmut: Strukturdenken in der organischen Chemie. Berlin 1971.
[19] Zott, Regine: Kekulés Ansichten zum Problem der Allgemeinbildung. Sitzungsberichte der Akad. d. Wiss. d. DDR 25 N/1980. Berlin 1982.
[20] Hammann, Karin: Der chemische Unterricht an höheren Schulen im 19. Jahrhundert – unter dem Einfluß der Anforderungen, die sich aus der Entwicklung der Produktivkräfte und der Chemie ergaben. Dissertation A, Päd. Hochsch. „Wilhelm Liebknecht“ Potsdam 1979:
[21] Bernal, John Desmond: Die Wissenschaft in der Geschichte. Berlin 1961.
[22] Welsch, Fritz: Geschichte der chemischen Industrie. Berlin 1981.
[23] Hecht, Karl: Der Schlaf hat seine eigenen Gesetze. in: Urania 59 (1983) Heft 7.

[24] Engels, Friedrich: Herrn Eugen Dührings Umwälzung der Wissenschaft („Anti-Dühring"). Berlin 1948.
[25] Ostwalds Klassiker der exakten Wissenschaften, Heft 3/8 (Reprint). Leipzig 1983.
[26] Dunsch, Lothar: Humphry Davy. Leipzig 1982.

Danksagung

Die vorliegende Biographie hätte ohne die Hilfe des Direktors des Museums der Wissenschaften der Staatsuniversität Gent, Herrn Prof. Dr.-Ing. habil. J. B. Quintyn, und seiner Mitarbeiter nicht in dieser Form vorgelegt werden können. Wertvolle Unterstützung verdanke ich auch den Herren Prof. Dr. Robert Martin und Prof. Dr. Jacques Pecher von der Freien Universität Brüssel, an der der Fonds Stas aufbewahrt wird, sowie Herrn Dr. Jacques Delarge von der Staatsuniversität Lüttich.
Bei der Beschaffung benötigter Literatur war die Bibliothekarin der Chemischen Gesellschaft der Deutschen Demokratischen Republik, Frau Gisela Schmidt, stets außerordentlich bemüht, Fräulein Elvira Haschke sorgte für qualitativ möglichst gute Reproduktionen von Photographien.
Für die Anfertigung und kritische Durchsicht des Manuspriptes, Hinweise zur Darstellung der Persönlichkeit Kekulés und für die Zusammestellung des Registers bedanke ich mich bei meiner Frau, Apothekerin Fränze-Ulrike Göbel, sehr herzlich.
Die Herren Prof. Dr. habil. Eberhard Wächtler, Freiberg, und Dr. sc. Rüdiger Stolz, Halle, haben das Manuskript kritisch gelesen. Für ihre wertvollen Hinweise zur Verbesserung des Manuskriptes sage ich ihnen herzlichen Dank.

W. Göbel

Personenregister

Biographien
hervorragender Naturwissenschaftler,
Techniker und Mediziner

L. Dunsch, Dresden

Humphry Davy

75 Seiten mit 8 Abbildungen. (Band 62)
Kartoniert 4,80 M; Ausland 6,80 M
Bestell-Nr. 666 111 1
Bestellwort: Dunsch, Davy

Davy (1778–1829) war ein genialer Wissenschaftler und Techniker. Durch seine vielseitigen Arbeiten beeinflußte er und nahm regen Anteil an der raschen industriellen Entwicklung Englands zu Beginn des 19. Jahrhunderts. Sein Wirkungsfeld reicht von der Katalyse bis zur Korrosionsforschung, vom Lichtbogen bis zur Sicherheitslampe, von der Elektrochemie bis zur Entdeckung neuer Elemente, von der Grundlagenforschung bis zu praktischen Anwendungen.

Aus dem Inhalt:
Einleitung · Kindheit und Jugend in Cornwall · Assistent an Dr. Beddoes' „Pneumatic Institution" · Professor an der Royal Institution · Reisen zum Kontinent – Privatgelehrter in England · Präsident der „Royal Society" · Letzte Tage eines Naturforschers · Chronologie

H. Remane, Leipzig

Emil Fischer

76 Seiten mit 13 Abbildungen. (Band 74)
Kartoniert 4,80 M; Ausland 6,80 M
Bestell-Nr. 666 194 7
Bestellwort: Remane, Fischer

Fischer (1852–1919) war ein glänzender Chemiker und in seiner Zeit der größte Vertreter der organischen Chemie. Für seine hervorragenden Arbeiten erhielt er 1902 den Nobelpreis für Chemie als erster Organiker. Durch seine fundamentalen Arbeiten zur Chemie der Purine, der Kohlenhydrate und ihrer Derivate schuf er wesentliche Voraussetzungen zur Entwicklung der modernen Biochemie. Auch als Hochschullehrer wirkte er beispielhaft.

Aus dem Inhalt:
Einleitung · Kindheit und Jugend · Studium und Promotion · Die Entdeckung des Phenylhydrazins · Baeyer-Schüler in München · Ordinarius in Erlangen · Ordinarius in Würzburg · Arbeiten zur Chemie der Kohlenhydrate · Ein kurzes Familienglück · Berufung nach Berlin · Forschungen zur Chemie der Aminosäuren, Polypeptide und Proteine · Emil Fischer als Hochschullehrer und Wissenschaftsorganisator · Die Zeit des ersten Weltkrieges · Untersuchungen über Depside, Flechtenstoffe und Gerbstoffe sowie über Glykoside · Krankheit und Tod · Chronologie

BSB B. G. Teubner Verlagsgesellschaft, Leipzig

Lieferbar in dieser Reihe:

Band	Autor und Titel	Preis	Bestell-Nr.
5	Schütz: M. Faraday	4,35	665 165 0
7	Schütz: M. W. Lomonossow	5,45	665 547 5
8	Danzer: D. I. Mendelejew und L. Meyer	5,35	665 585 4
10	Dobrzycki/Biskup: N. Copernicus	5,00	665 661 1
11	Kauffeldt: O. v. Guericke	5,60	665 663 8
15	Wußing: C. F. Gauß	4,70	665 700 8
17	Hoppe: J. Kepler	4,70	665 586 2
22	Werner: W. Weber	3,50	665 772 9
31	Kaiser: J. A. Segner	4,50	665 840 6
34	Halameisär/Seibt: N. I. Lobatschewski	4,60	665 870 5
43	Kosmodemjanski: K. E. Ziolkowski	10,50	665 930 2
46	Körber: A. Wegener	4,80	665 991 9
50	Tobies: F. Klein	6,80	666 026 6
51	Richter-Meinhold: H. Bessemer und S. G. Thomas	4,80	666 039 7
54	Ruff: E. du Bois-Reymond	6,80	666 037 0
55	Krüger: W. I. Wernadskij	6,80	666 033 8
56	Thiele: L. Euler	9,60	666 045 0
57	Herrmann: K. F. Zöllner	4,80	666 036 4
58	Cassebaum: C. W. Scheele	6,80	665 990 0
59	Sittauer: F. G. Keller	6,80	666 092 8
60	Jürß/Ehlers: Aristoteles	6,80	666 057 3
61	Engewald: G. Agricola	6,80	666 113 8
62	Dunsch: H. Davy	4,80	666 111 1
63	Kant: A. Nobel	6,80	666 152 5
64	Stolz: O. Hahn, L. Meitner	4,80	666 142 9
65	Ullmann: E. F. F. Chladni	4,80	666 143 7
66	Hoffmann: E. Schrödinger	4,80	666 080 5
67	Hamel: F. W. Bessel	4,80	666 197 1
68	Beckert: J. Beckmann	6,80	666 151 7
69	Schierhorn: W. Friedrich	4,80	666 141 0